"十三五"高等职业教育核心课程规划教材·信息大类

Java 程序设计基础教程

主　编　吴　琦　黄　媛

副主编　柳秋寒　刘晓峥　卢茂龙

西安交通大学出版社

XI'AN JIAOTONG UNIVERSITY PRESS

内 容 提 要

《Java 程序设计基础教程》从初学者的角度详细讲解了 Java 开发中重点用到的多种技术,内容包括 Java 开发环境的搭建及其运行机制、基本语法、面向对象的思想等。本书注重结合实例,各章从实例入手,系统地介绍本实例所涉及的知识点,注重应用性,内容由浅入深、逻辑性强,并且每章末尾均配有本章小结和练习。

《Java 程序设计基础教程》共分 12 章,第 1 章介绍 Java 语言入门知识;第 2～3 章介绍 Java 的基本语法及运算符与表达式;第 4～5 章介绍选择与循环结构;第 6 章介绍方法;第 7～8 章介绍数组与字符串;第 9～10 章介绍 Java 面向对象程序设计;第 11 章介绍异常;第 12 章介绍 JDBC。

本书既可作为高等院校计算机及其相关专业的教学用书,也可作为各学校程序设计公共选修课的教材,同时也可用作职业教育的培训用书和 Java 初学者的入门教材,是一本适合广大计算机编程初学者的入门级教材。

图书在版编目(CIP)数据

Java 程序设计基础教程 / 吴琦,黄媛主编.—西安:
西安交通大学出版社,2018.8(2021.1 重印)
 ISBN 978-7-5693-0755-9

Ⅰ.①J… Ⅱ.①吴… ②黄… Ⅲ.①JAVA 语言—程序
设计—教材 Ⅳ.①TP312.8

中国版本图书馆 CIP 数据核字(2018)第 155447 号

书　　名	Java 程序设计基础教程
主　　编	吴 琦　黄 媛
责任编辑	雷萧屹
出版发行	西安交通大学出版社
	(西安市兴庆南路 1 号　邮政编码 710048)
网　　址	http://www.xjtupress.com
电　　话	(029)82668357　82667874(发行中心)
	(029)82668315(总编办)
传　　真	(029)82668280
印　　制	西安明瑞印务有限公司
开　　本	787mm×1092mm　1/16　印　张 11.375　字　数 270 千字
版次印次	2019 年 1 月第 1 版　2021 年 1 月第 3 次印刷
书　　号	ISBN 978-7-5693-0755-9
定　　价	36.50 元

读者购书、书店添货如发现印装质量问题,请与本社发行中心联系、调换。
订购热线:(029)82665284　(029)82665249
投稿 QQ:850905347

前　言

　　Java 语言是当前最为流行的程序设计语言之一,诸多优秀的特性使其成为被业界广泛认可和采用的工具,同时越来越多的高校也将其作为程序设计教学时主要的编程语言。此外,随着大部分高校计算机及相关专业将人才培养的重点放在应用技术为主的层次上,为适应社会需求,学生在有限的教学课时和教学过程中,既需要掌握足够的 Java 编程基础,又需要熟悉项目设计并能通过编码具体实现。同时,Java 编程语言的教学改革也对教材、实训提出了一定的要求,内容取舍和讲述要符合学生认知能力和水平,并为今后进一步学习打下扎实的基础;教学过程的实施方便,可操作性和可拓展性强;所学及所用应紧跟行业的应用和需求;初学者很难在众多的 Java 图书中找到适合自己的入门教材,本书的目的就在于帮助 Java 初学者,力求以最简单、最实用的文字和实例帮助初学者,甚至是毫无编程基础的读者们快速走进 Java 程序的精彩世界。

　　本书编写的初衷是设计一本真正能适合高校进行 Java 语言程序设计教学实践活动的基础教程。本教材对每个知识点都进行了深入分析,并使用生动形象的比喻来讲解抽象的编程思想。在教材中,每个知识点都精心设计了相关的案例,并模拟这些知识点在实际工作中的运用,真正做到了知识的由浅入深、由易到难。让学生迅速了解、掌握 Java 技术的基本思想与应用开发技术,掌握基础知识和操作技能,编制面向对象的程序,并且能够根据实际需求编制出一些实用程序。

　　本教材共分为 12 章,下面分别对每章进行简单介绍。

　　第 1 章主要介绍了 Java 的历史及特点,然后介绍了如何搭建 Java 开发环境以及配置环境变量及开发 Java 的集成开发工具 MyEclipse。通过本章的学习,初学者需要掌握 JDK 的安装过程,动手实现属于自己的第一个 Java 程序。

　　第 2 章详细讲解 Java 语言的基本语法。不论任何一门语言,其基本语法都是最重要的内容。在学习基本语法时,一定要做到认真学习每一个知识点,切忌走马观花,粗略地阅读章节内容,那样达不到任何学习效果。

　　第 3 章主要介绍 Java 中的运算符。运算符按功能分为:赋值运算符、算术运算符、关系运算符和逻辑运算符。

　　第 4 章主要介绍选择结构。选择结构主要有 if 和 switch 两种结构。if 选择结构又有单分支 if、双分支 if、多重 if 以及嵌套 if。switch 语句又称为多路分支条件语句,通过判断表达式的值与整数或字符常量列表中的值是否相匹配来选择相关联的执行语句。

第 5 章主要介绍循环结构。Java 语言中常见的循环包括 while 循环、do-while 循环和 for 循环。

第 6 章主要介绍 Java 中的方法,定义方法要确定访问修饰符、返回值类型、方法名和参数列表。

第 7 章主要介绍数组,数组是最简单的复合数据类型,数组中的每个元素具有相同的数据类型,可以用一个统一的数组名和下标来唯一地确定数组中的元素。本章主要介绍一维数组和二维数组。

第 8 章主要介绍字符串,在 Java 中,将字符串用类的对象来实现,使用字符串要熟练掌握字符串的处理函数。通过本章的学习,可以使学生熟练掌握字符串的使用方法。

第 9 章主要介绍了面向对象的基础知识。首先介绍了什么是面向对象,然后介绍了类与对象的概念,二者之间的关系,类的封装及使用;其次介绍了构造方法的定义与重载,最后介绍了 this 与 static 关键字的使用。

第 10 章主要介绍了面向对象的继承特性。继承、封装和多态是面向对象的三大特性,是学习 Java 语言的精髓所在。本章还介绍了抽象类和接口、包的定义和引用。熟练掌握本章内容,能够为学习 Java 语言打好基础。

第 11 章主要介绍了 Java 中的异常概念,分类以及如何处理异常。这对程序的正常运行意义很大。熟练掌握本章内容,能够编写出更完善、更优秀的程序。

第 12 章主要介绍了 JDBC,程序可通过 JDBC API 连接到数据库,并使用结构查询语句实现对数据库的查询、更新等操作。

在学习本教材时,首先要做到对知识点理解透彻,其次一定要亲自动手练习教材中提供的案例,因为在学习软件编程的过程中动手实践是非常重要的。对于一些非常难以理解的知识点也可以选择通过案例的练习来学习。如果实在无法理解教材中所讲解的知识,建议初学者不要纠结于某一个知识点,可以先往后学习。通常来讲,看了后面一两个小节的内容后再回来学习之前不懂的知识点,一般就都能理解了。

本书由吴琦、黄媛、柳秋寒、刘晓峥、卢茂龙编写,最后由吴琦、黄媛统稿并整理。由于编者水平有限,书中可能存在疏漏或错误,敬请读者批评指正。

编　者

2018 年 7 月

目　录

第 1 章　Java 语言入门

 本章重点

- Java 语言的背景
- Java 语言的特点
- Java 语言的运行及开发环境
- Java 语言的开发工具
- Java 小程序

Java 是一门程序设计语言,它自问世以来,受到了前所未有的关注,并成为计算机、移动电话、家用电器等领域中最受欢迎的开发语言之一。本章将介绍 Java 语言的背景、特点、开发运行环境、运行机制、开发工具等内容。

1.1　Java 产生的背景

20 世纪 90 年代,硬件领域出现了单片式计算机系统,这种价格低廉的系统一出现就立即引起了自动控制领域人员的注意。Sun 公司为了抢占市场先机,在 1991 年成立了一个称为 Green 的项目小组,帕特里克、詹姆斯·高斯林、麦克·舍林丹和其他几个工程师一起组成的工作小组在加利福尼亚州门洛帕克市沙丘路的一个小工作室里面研究开发新技术,专攻计算机在家电产品上的嵌入式应用。

Sun 公司研发人员并没有开发一种全新的语言,而是根据嵌入式软件的要求,对 C++ 进行了改造,去除了 C++ 中的一些不太实用及影响安全的成分,并结合嵌入式系统的实时性要求,开发了一种称为 Oak 的面向对象语言。

1992 年的夏天,当 Oak 语言开发成功后,研究者们向硬件生产商演示了 Green 操作系统、Oak 的程序设计语言、类库和其硬件,以说服他们使用 Oak 语言生产硬件芯片,但是,硬件生产商并未对此产生极大的热情。因为他们认为,在所有人对 Oak 语言还一无所知的情况下，就生产硬件产品的风险实在太大了，所以 Oak 语言也就因为缺乏硬件的支持而无法进入市场，从而被搁置了下来。

1994 年 6、7 月间，在经历了一场历时三天的讨论之后，团队决定再一次改变努力的目标，这次他们决定将该技术应用于万维网。他们认为随着 Mosaic 浏览器的到来，因特网正在向同样的高度互动的远景演变，而这一远景正是他们在有线电视网中看到的。作为原型，帕特里克·诺顿写了一个小型万维网浏览器 WebRunner。

1995 年，互联网的蓬勃发展给了 Oak 机会。业界为了使死板、单调的静态网页能够"灵活"起来，急需一种软件技术来开发一种程序，这种程序可以通过网络传播并且能够跨平台运行。于是，世界各大 IT 企业为此纷纷投入了大量的人力、物力和财力。这个时候，Sun 公司想起了那个被搁置起来很久的 Oak，并且重新审视了那个用软件编写的试验平台，由于它是按照嵌入式系统硬件平台体系结构而编写的，所以非常小，特别适用于网络上的传输系统，而 Oak 也是一种精简的语言，程序非常小，适合在网络上传输。Sun 公司首先推出了可以嵌入网页并且可以随同网页在网络上传输的 Applet（Applet 是一种将小程序嵌入到网页中进行执行的技术），并将 Oak 更名为 Java（在申请注册商标时，发现 Oak 已经被人使用了，再想了一系列名字之后，最终，使用了提议者在喝一杯 Java 咖啡时无意提到的 Java 词语）。5 月 23 日，Sun 公司在 Sun world 会议上正式发布 Java 和 HotJava 浏览器。IBM、Apple、DEC、Adobe、HP、Oracle、Netscape 和微软等各大公司都纷纷停止了自己的相关开发项目，竞相购买了 Java 使用许可证，并为自己的产品开发了相应的 Java 平台。

此后，开发团队持续对 Java 进行更新，2009 甲骨文公司（Oracle）宣布收购 Sun。现在最新的版本是 Java8。

为了使软件开发人员、服务提供商和设备生产商可以针对特定的市场进行开发，Sun 公司将 Java 划分为三个技术平台，分别为 J2SE、J2EE 和 J2ME，以下是详细介绍。

①J2SE（Java 2 Platform Standard Edition）标准版。J2SE 是 Java 的标准版，主要用于开发客户端（桌面应用软件），例如常用的文本编辑器、下载软件、即时通信工具等，都可以通过 J2SE 实现。J2SE 包含了 Java 的核心类库，例如数据库连接、接口定义、输入/输出、网络编程等。学习 Java 编程就是从 J2SE 入手。

②J2EE（Java 2 Platform Enterprise Edition）企业版。J2EE 是功能最丰富的一个版本，主要用于开发高访问量、大数据量、高并发量的网站，例如美团、去哪儿网的后台都是 J2EE。通常所说的 JSP 开发就是 J2EE 的一部分。J2EE 包含 J2SE 中的类，还包含用于开发企业级应用的类，例如 EJB、servlet、JSP、XML、事务控制等。J2EE 也可以用来开发技术比较庞杂的管理软件，例如 ERP 系统（Enterprise Resource Planning，企业资源计划系统）。

③J2ME（Java 2 Platform Micro Edition）微型版。J2ME 只包含 J2SE 中的一部分类，受平台影响比较大，主要用于嵌入式系统和移动平台的开发，例如呼机、智能卡、手机（功能机）、机顶盒等。

1.2　Java 语言的特点

Java 语言是一门优秀的编程语言,它之所以应用广泛,受到大众的欢迎,是因为它有众多突出的特点,下面对这些特点进行简单介绍。

1. 简洁有效

Java 语言是一种相当简洁的"面向对象"程序设计语言。Java 语言省略了 C++语言中所有的难以理解、容易混淆的特性,例如头文件、指针、结构、单元、运算符重载、虚拟基础类等。它更加严谨、简洁。

2. 可移植性

对于一个程序员而言,写出来的程序如果不需修改就能够同时在 Windows、MacOS、UNIX 等平台上运行,简直就是美梦成真的好事! 而 Java 语言就让这个原本遥不可及的事已经越来越近了。使用 Java 语言编写的程序,只要做较少的修改,甚至有时根本不需修改就可以在不同平台上运行了。

3. 面向对象

可以这么说,"面向对象"是软件工程学的一次革命,大大提升了人类的软件开发能力,是一个伟大的进步,是软件发展的一个重大的里程碑。在过去的 30 年间,"面向对象"有了长足的发展,充分体现了其自身的价值,到现在已经形成了一个包含了"面向对象的系统分析""面向对象的系统设计""面向对象的程序设计"的完整体系。所以作为一种现代编程语言,是不能够偏离这一方向的,Java 语言也不例外。

4. 解释型

Java 语言是一种解释型语言,相对于 C/C++语言来说,用 Java 语言写出来的程序效率低,执行速度慢。但它正是通过在不同平台上运行 Java 解释器,对 Java 代码进行解释,来实现"一次编写,到处运行"的宏伟目标的。为了达到目标,牺牲效率还是值得的,况且,现在的计算机技术日新月异,运算速度也越来越快,用户是不会感到太慢的。

5. 适合分布式计算

Java 语言具有强大的、易于使用的联网能力,非常适合开发分布式计算的程序。Java 应用程序可以像访问本地文件系统那样通过 URL 访问远程对象。使用 Java 语言编写 Socket 通信程序十分简单,使用它比使用任何其它语言都简单。而且它还十分适用于公共网关接口(CGI)脚本的开发,另外还可以使用 Java 小应用程序(Applet)、Java 服务器页面(Java Server Page,JSP)、Servlet 等等手段来构建更丰富的网页。

6.拥有较好的性能

正如前面所述,由于 Java 是一种解释型语言,所以它的执行效率相对就会慢一些,但由于 Java 语言采用了两种手段,使得其性能还是不错的。①Java 语言源程序编写完成后,先使用 Java 伪编译器进行伪编译,将其转换为中间码(也称为字节码),再解释;②提供了一种"准实时"(Just-in-Time,JIT)编译器,当需要更快的速度时,可以使用 JIT 编译器将字节码转换成机器码,然后将其缓冲下来,这样速度就会更快。

7.健壮、防患于未然

Java 语言在伪编译时,做了许多早期潜在问题的检查,并且在运行时又做了一些相应的检查,可以说是一种最严格的"编译器"。它的这种"防患于未然"的手段将许多程序中的错误扼杀在摇蓝之中。经常有许多在其他语言中必须通过运行才会暴露出来的错误,在编译阶段就被发现了。另外,在 Java 语言中还具备了许多保证程序稳定、健壮的特性,有效地减少了错误,这样使得 Java 应用程序更加健壮。

8.具有多线程处理能力

线程,是一种轻量级进程,是现代程序设计中必不可少的一种特性。多线程处理能力使得程序能够具有更好的交互性、实时性。Java 在多线程处理方面性能超群,具有让设计者惊喜的强大功能,而且在 Java 语言中进行多线程处理很简单。

9.具有较高的安全性

由于 Java 语言在设计时,对安全性方面考虑很仔细,做了许多探究,使得 Java 语言成为目前最安全的一种程序设计语言。尽管 Sun 公司曾经许诺过:"通过 Java 可以轻松构建出防病毒、防黑客的系统",但"世界上没有绝对的安全"这一真理是不会因为某人的许诺而失灵验的。

1.3　Java 的运行环境

1.3.1　Java 虚拟机

虚拟机是一种抽象化的计算机,通过在实际的计算机上仿真模拟各种计算机功能来实现的。Java 虚拟机有自己完善的硬体架构,如处理器、堆栈、寄存器等,还具有相应的指令系统。Java 虚拟机屏蔽了与具体操作系统平台相关的信息,使得 Java 程序只需生成在 Java 虚拟机上运行的目标代码(字节码),就可以在多种平台上不加修改地运行。

Java 虚拟机(Java Virtual Machine,JVM)是运行所有 Java 程序的抽象计算机,是 Java

语言的运行环境,它是 Java 最具吸引力的特性之一。它包括一套字节码指令集、一组寄存器、一个栈、一个垃圾回收堆和一个存储方法域。

1.3.2　Java 程序的运行机制

Java 程序的执行过程,必须经过先编译、后解释两个步骤。先将 Java 的源文件(.Java 文件)进行编译,生成一种与平台无关的字节码(.class 文件)。这种字节码不是可执行的,再必须使用 Java 解释器来解释执行。负责解释执行字节码文件的是 Java 虚拟机,即 JVM。其执行过程如图 1-1 所示。

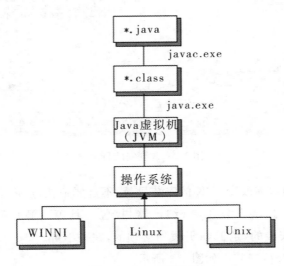

图 1-1　Java 运行过程

1.4　搭建基本的 Java 开发环境

1.4.1　JDK 简介及安装

要进行 Java 开发,首先要安装 Java 开发工具箱(Java Development Kit,JDK)。

JDK 是一系列工具的集合,这些工具是编译 Java 源码、运行 Java 程序所必需的,例如 JVM、基础类库、编译器、打包工具等。不论是什么样的 Java 应用服务器,都是内置了某个版本的 JDK,因此掌握 JDK 是学好 Java 的第一步。

JDK 所提供的部分工具:Java 编译器:Javac.exe、Java 解释器:Java.exe、Java 文档生成器:Javadoc.exe、Java 调试器:jdb.exe。

前面所说的 Java 版本,实际上是指 JDK 的版本。接下来介绍 JDK7.0 的安装,具体步骤如下。

①双击下载好的安装包进行安装，点击"下一步"，出现如图 1-2 所示的界面。

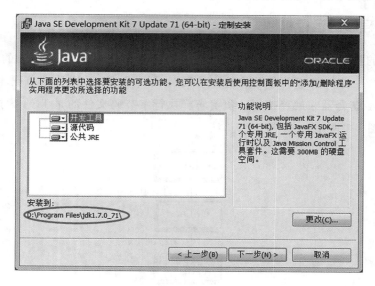

图 1-2　改变安装目录

这里可以根据你的习惯改变 JDK 的安装目录，不过要记住，后面会用到这个安装目录。可以看到，JDK 包含了 Java 开发工具（编译器、打包工具等）、源代码（基础类库）和公共 JRE，这三项都是默认安装的，是 Java 开发所必须的，缺一不可。

②点击"下一步"，等待安装。如图 1-3 所示。

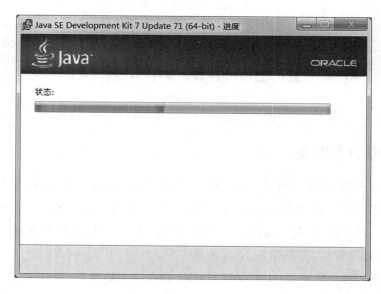

图 1-3　正在安装

③JDK 安装完成后，会提示你是否安装 JRE，如图 1-4 所示。

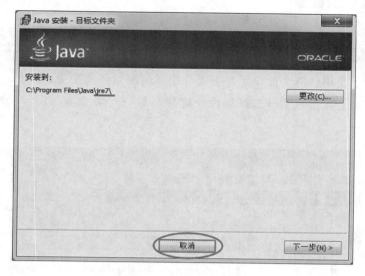

图 1-4　是否安装 JRE

④JDK 中已经包含了 JRE，无需再次安装，点击"取消"即可，如图 1-5 所示。

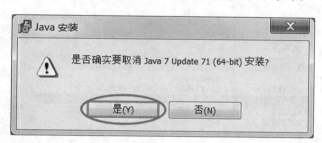

图 1-5　确认取消

⑤点击"关闭"，完成安装，如图 1-6 所示。

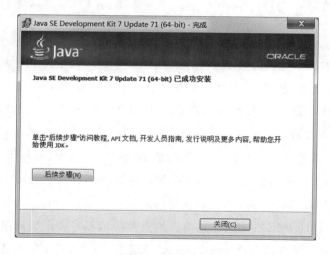

图 1-6　完成安装

1.4.2 环境变量的设置

在编译 Java 程序时需要用到 Javac 这个命令，执行 Java 程序需要 Java 这个命令，而这两个命令并不是 windows 自带的命令，所以使用它们的时候需要配置好环境变量，这样就可以在任何的目录下使用这两个命令了。下面介绍如何配置环境变量。

①在我的电脑上点击右键→选择属性→选择高级→环境变量，打开环境变量窗体。如图 1-7 所示。

图 1-7　环境变量窗体

②设置 3 项属性，Java_HOME、PATH、CLASSPATH（大小写无所谓），若已存在则点击"编辑"，不存在则点击"新建"。具体设置如下：

（a）Java_HOME。设为 JDK 的安装路径（如 D:/Program Files/jdk1.7.0_71），此路径下包括 lib，bin，jre 等文件夹。

（b）Path。使得系统可以在任何路径下识别 Java 命令，设为：％Java_HOME％/bin。％Java_HOME％就是引用前面指定的 Java_HOME 变量。

（c）CLASSPATH。Java 运行环境加载类的路径，只有类在 classpath 中，才能被识别和加载，设为?.；％Java_HOME％\lib（注意前面的点号（.），点号表示当前路径）。

③打开一个 CMD 窗口，输入"Java-version"或者"Javac"命令，看到很多说明信息，证明

已经安装并配置成功了。

1.4.3　JDK 开发工具包

Java 开发工具包是 Sun 公司的 Java Software 产品,他可以非常方便地开发和调试 Java 应用程序。下面就简单介绍几种工具的使用:

(1)Javac. exe

功能:编译源代码,生成字节码文件(. class)

语法:Javac<选项><源文件>

(2)Java. exe

功能说明:负责执行字节码文件。

语法:Java［—命令选项］class［args...］

(3)Javadoc. exe

功能说明:Java API 文档生成器从 Java 源文件生成 API 文档 HTML 页。

语法:Javadoc［命令选项］［包名］［源文件名］［ @files ］

其中［包名］为用空格分隔的一系列包的名字,包名不允许使用通配符,如（ ＊ ）。［源文件名］为用空格分隔的一系列的源文件名,源文件名可包括路径和通配符,如（ ＊ ）。［ @files ］是以任何次序包含包名和源文件的一个或多个文件。

到现在,我们就可以编写 Java 程序了,接下来就体验一下如何开发 Java 程序。

1. 编写 Java 源文件

在 D 盘根目录下新建一个 Java 文件夹,在 Java 文件夹中新建一个文本文档,重命名为 HelloWorld. Java。然后用记事本方式打开,编写一段 Java 代码,如例 1-1 所示。

```
class HelloWorld {
    public static void main(String[] args) {
    System.out.println("这是第一个 Java 程序!");
    }
}
```

例 1-1 中的代码实现了一个 Java 程序,下面对其中的代码进行简单地解释。

①class 是一个关键字,它用于定义一个类。在 Java 中,类就相当于一个程序,所有的代码都需要在类中书写。

②HelloWorld 是类的名称,简称类名。class 关键字和类名之间需要用空白字符进行分隔。类名之后要写一对大括号,它定义了当前这个类的管理范围,所有的代码都需要写在这对大括号中。

③"public static void main(String[] args){}"定义了一个 main()方法,该方法是 Java 程序的执行入口。

④在 main()方法中编写的一条执行语句"System. out. println("这是第一个 Java 程序!");",它的作用是打印一段文本信息,执行完这条语句会在命令行窗口中打印"这是第一个 Java 程序!"。

在编写程序时,需要特别注意,程序中出现的空格、括号、分号等符号必须采用英文半角格式,否则会出错。

2.打开命令行窗口

JDK 中提供的大多数可执行文件命令都在命令行窗口中运行,Javac. exe 和 Java. exe 两个可执行命令也不例外。在键盘上按 win+R 快捷键打开运行窗口,并输入"cmd",如图 1-8 所示。

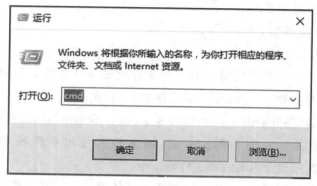

图 1-8　运行窗口

然后点击图 1-9 中的确定按钮进入命令行窗口,如图 1-9 所示。

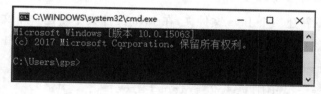

图 1-9　命令行窗口

3.进入源代码所在目录

进入源代码所在的目录"D:\Java",如图 1-10 所示。

图 1-10　进入源代码目录

4.编译 Java 源文件

在命令行窗口中输入"Javac HelloWord. Java"命令,对源文件进行编译,如图 1-11 所示。

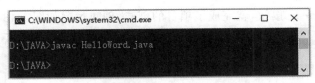

图 1-11 编译 HelloWord. Java 源文件

上面的 Javac 命令执行完毕后,会在源文件目录下生成一个字节码文件"HelloWord. class"。

5.运行 Java 程序

在命令行窗口中输入"Java HelloWord"命令,运行编译好的字节码文件,运行结果如图 1-12所示。

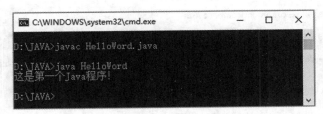

图 1-12 运行 HelloWord 程序

上面的步骤演示了一个 Java 程序编写、编译以及运行的过程。其中有两点需要注意:第一,在使用 Javac 命令进行编译时,需要输入完整的文件名,如上例中程序在编译时需要输入"Javac HelloWord. Java";第二,在使用 Java 命令运行程序时,需要的是类名,而非完整的文件名,如上例中的程序运行时,只需要输入"Java HelloWord"就可以了,后面千万不要加上". class",否则程序会报错。

1.5 MyEclipse 开发环境

在前面的介绍中,使用记事本编写 Java 程序。但是,实际开发项目时,使用记事本编写 Java 源程序很不方便,容易出错。我们可以使用专门开发程序的软件来编写与运行程序,即集成开发环境(IDE)。用于开发 Java 程序的 IDE 工具很多,本教材采用 MyEclipse 工具。MyEclipse 是在 eclipse 基础上加上自己的插件开发而成的功能强大的企业级集成开发环境,主要用于 Java、Java EE 以及移动应用的开发。MyEclipse 的功能非常强大,支持也十分广泛,尤其是对各种开源产品的支持相当不错。下面就介绍如何使用 MyEclipse 开发 Java 程序。

1. 创建 Java 项目

启动 MyEclipse 程序，在打开的窗体中，选择"File"→"New"→"Java Project"选项，弹出 "New Java Project"对话框，在"Project name"文本框中输入项目名称，此处命名为 "JavaPrj1"，单击"Finish"按钮，就完成了项目的创建，创建过程如图 1-13 所示。

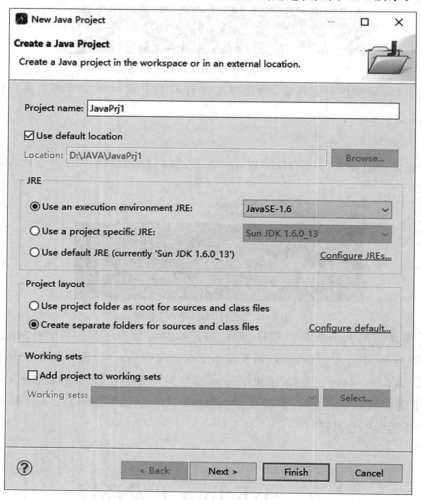

图 1-13 创建 Java 项目

2. 创建并编写 Java 源程序

在 MyEclipse 中，选中并右击之前创建的项目"JavaPrj1"，在弹出的快捷菜单中选择 "New"→"Class"选项，弹出"New Java Class"对话框，在"Package"文本框中输入包名（包名 就是文件夹的名称，一般使用小写字母。为便于管理代码，通常用不同的包放置不同的 Java 文件），此处使用"demo"作为包名，在"Name"文本框中输入类名，使用"JavaApp"作为类名， 勾选"public static void main（String［］ args）"的复选框，可以在创建 Java 类时自动包含 main 方法。单击"Finish"按钮，就完成了 Java 文件的创建，如图 1-14 所示。

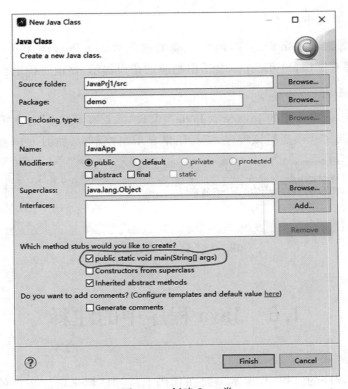

图 1-14　创建 Java 类

Java 类创建完成后，MyEclipse 会自动生成程序框架并展示在代码编辑区，如图 1-15 所示。

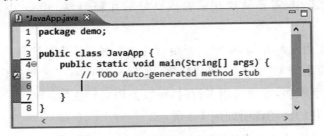

图 1-15　自动生成的程序代码结构

在 JavaApp 类中输入例 1-2 的内容。

例 1-2　JavaApp.Java

```java
public class JavaApp {
    public static void main(String[] args) {
        // 输出语句
        System.out.println("使用 MyEclipse 开发的第一个程序！");
    }
}
```

3. 编译 Java 源程序

这一步不用像之前的案例那样，需要手动的输入命令去进行编译。MyEclipse 可以实现自动编译；如果有错误，MyEclipse 会给出相应的错误提示，修改正确后会自动完成编译。

4. 运行 Java 程序

选中 MyEclipse 窗口中的 JavaApp.Java 类文件，然后在菜单栏选中"Run"→"Run As"→"Java Application"选项运行该程序，运行结果显示在控制台，如图 1-16 所示。

图 1-16 例 1-2 运行结果

1.6 Java 程序中的注释

在编写 Java 程序的过程中，经常需要在代码上添加注释来增加程序的可读性，便于程序的维护。类似于为某段程序加入一个说明备注，让其他人能够快速看懂这段程序，这也是必须要去做的一项工作，需要从现在就养成良好的注释习惯。Java 中常用的注释有两种方式。

①单行注释，使用"//"开头，从"//"开始后的文字都被认为是注释。

②多行注释，使用"/ *"开头，" * /"结尾，在"/ *"和" * /"之间的内容都被视为注释。注释中要说明的文字较多，需要占用多行时，可以使用多行注释。

Java 程序中注释的使用说明如例 1-3 所示。

例 1-3 Example1_3.Java

```
public class Example1_3 {
    /*
    main 方法是程序的入口
     每一个类中只能有一个 main 方法
    * /
    public static void main(String[] args) {
        //输出"欢迎进入 Java 编程世界！"
        System.out.println("欢迎进入 Java 编程世界！");
    }

}
```

运行结果如图 1-17 所示。

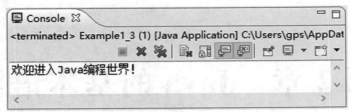

图 1-17 例 1-3 运行结果

在例 1-3 中,注释不会影响程序的运行,只用于对程序代码进行解释说明。

本章小结

本章首先介绍了 Java 的历史及特点,然后介绍了如何搭建 Java 开发环境以及配置环境变量,介绍 Java 的运行机制并演示了如何编写一个简单的 Java 程序。再就是介绍开发 Java 的集成开发工具 MyEclipse,并演示如何通过 MyEclipse 编写简单 Java 程序。

习题

一、填空题

1. Java 的三个技术平台分别是 _____、_____、_____。

2. Java 程序的运行环境简称之为 _____。

3. 编译 Java 程序需要使用命令 _____。

二、选择题

1. 以下选项中,哪些属于 JDK 工具( )?

    A. Java 编译器   B. Java 运行工具   C. Java 文档生成工具   D. Java 打包工具

2. Java 属于以下哪种语言( )?

    A. 机器语言   B. 汇编语言   C. 高级语言   D. 以上都不对

3. 以下哪种类型的文件可以在 Java 虚拟机中运行( )?

    A. .Java   B. .jre   C. .exe   D. .class

4. 安装好 JDK 后,在其 bin 目录下有许多 exe 可执行文件,其中 Java.exe 命令的作用是以下哪一种( )?

    A. Java 文档制作工具   B. Java 解释器

    C. Java 编译器   D. Java 启动器

三、编程题

1. 使用记事本编写一个 HelloWord 程序,在命令行窗口编译运行。

2. 使用 MyEclipse 编写一个自我介绍的程序。

第 2 章　Java 的基本语法

本章重点

- 掌握标识符的命名规则
- 掌握 Java 的数据类型
- 掌握基本的常量和变量

　　每种语言都有其特有的语法，Java 语言也不例外。在本章中将针对 Java 的变量、标识符、基本数据类型做详细讲解，通过数据类型来修饰不同的变量，从而实现存储不同的数据，为后面的学习打下坚实的基础。

2.1　标识符和关键字

　　编程人员在编写程序的时候，需要经常在程序中对各种元素加以命名，如类名、包名、变量名、方法名等，这些符号被称为标识符。

2.1.1　标识符

　　Java 中的标识符不能随意命名，必须满足一定的规则，规则如下。
　　①标识符必须以字母、数字、下划线或"＄"符号组成。
　　②标识符不能以数字开头。
　　③标识符不能和 Java 中的关键字相同。
　　下列标识符是合法的：

```
pliceman
$ firstname
cost_price
made_4
home
```

Home

下列标识符是不合法的：

zip code

123abc

percent%

goto

注意：

标识符的命名除了以上规则以外，在实际程序开发中还有一些约定俗成的规则，遵守这些规则对于培养良好的编程习惯和提高程序可读性有着重要的意义。

①包名所有字母一律小写。

例如：edu.com.cn、cn.cast.test。

②类名和接口名的每个单词首字母都要大写。

例如：Date、HashMap

③常量名字母都大写，单词之间用下划线连接。

例如：DAY_OF_YEAR

④变量名和方法名的第一个单词首字母小写，从第二个单词开始每个单词首字母大写。

例如：lastName、getLastName

⑤实际开发时，为便于维护和提高程序可读性，应尽量使用有意义的英文单词来定义标识符。

例如：使用 studentName 表示学生姓名，使用 age 表示年龄。

2.1.2 关键字

关键字是 Java 语言事先定义好的特殊标识符，具有专门的意义和用途，也有教材称其为保留字。如第 1 章小程序中的 class、void、static 等都是关键字。下面列举出 Java 中所有的关键字，如表 2-1 所示。

表 2-1　Java 中的关键字

abstract	boolean	break	byte	case	catch	char
const	class	continue	default	do	double	else
extends	false	final	finally	float	for	goto
if	implements	import	instanceof	int	interface	long
native	new	null	package	private	protected	public
return	short	static	strictfp	Super	switch	this
throw	throws	transient	true	try	void	volatile
while	synchronized					

上面列举的每一个关键字都有其特殊含义。如 class 关键字用于类的声明,if 关键字用于选择语句,public 关键字用于声明公有的类或方法。需要说明,关键字并不需要死记硬背,在后面章节的学习中会逐步对关键字进行讲解,在此只需要了解即可。

在使用 Java 的关键字时需注意以下两点:

①关键字必须是小写字母组成。

②在给标识符命名时不能与关键字同名。

2.2 基本数据类型

在程序运行时会产生大量的数据,不同的数据相差很大,如人口通常是整数,商品价格通常是小数,姓名是由一串字符组成。为了能够保存现实生活中的各种数据,Java 语言做了规定,将数据类型划分为基本数据类型和引用数据类型,具体如图 2-1 所示。

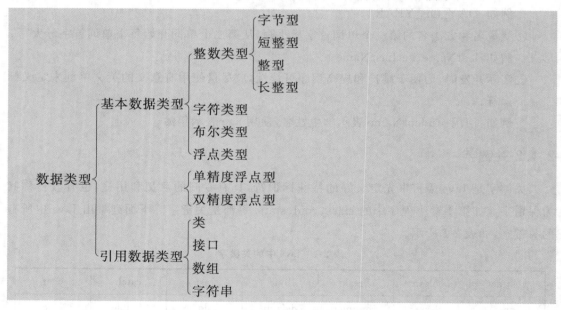

图 2-1　Java 语言的数据类型

其中,基本数据类型是 Java 语言内嵌的,在任何操作系统中都具有相同的大小和属性,而引用数据类型是由编程人员自定义的类型。在本章中重点讲解的是 Java 的基本数据类型,引用数据类型会在后面的章节中做详细讲解。

2.2.1　整型

在 Java 中,共有 4 种整型数据,如表 2-2 所示。

表 2-2　Java 中的整型数据

类型	含义	取值范围
byte	占 1 个字节的整数	$-128\sim127$
short	短整数	$-32768\sim32767$
int	整数	$-2^{31}\sim2^{31}-1$
long	长整数	$-2^{63}\sim2^{63}-1$

　　btye、short、int、long 均为整数的数据类型,整数用于表示没有小数部分的数值,这四种类型的区别在于取值范围不同,长整型数据有一个后缀 L(如 2000000000000L)。这些整数类型中最常用的是 int 类型。

2.2.2　浮点型

　　在 Java 中,浮点类型表示有小数部分的数值,共有 2 种浮点型数据,如表 2-3 所示。

表 2-3　Java 中的浮点型数据

类型	含义	取值范围
float	单精度浮点数	$-3.4E38\sim3.4E38$
double	双精度浮点数	$-1.7E308\sim1.7E308$

　　float 称为单精度浮点数、double 表示的精度是 float 类型的两倍,故称双精度浮点数。Float 类型的数值在使用时要添加后缀 F 或 f(如 5.2F、5.2f),没有 F 的浮点数值默认为 double 类型。在很多情况下,float 类型的精度很难满足需求,大多数程序均采用 double 类型。具体示例如下:

```
float num= 5.4f;
doubleprice= 100.5;
```

2.2.3　字符型

　　在 Java 中,字符类型的数据表示单个字符,只有一种字符类型,见表 2-4 所示。

表 2-4　Java 中的字符型数据

类型	含义	取值范围
char	字符	$0\sim65536$

　　Char 类型用来表示单个字符,通常用于表示字符常量,如字母‘a’,汉字‘家’等。使用 char 表示的字符值都必须包含于英文的单引号中。具体示例如下:

```
char c= ‘a’;
char w= ‘家’;
```

2.2.4 布尔型

在 Java 中,布尔类型的数据表示布尔值,只有一种布尔类型,如表 2-5 所示。

表 2-5 Java 中的布尔类型数据

类型	含义	取值范围
boolean	布尔值	true 或 false

boolean 表示布尔值,该类型的变量只有两个值,即 true 和 false,一般用于判定逻辑条件的真假,在选择和循环语句中最为常见。具体示例如下:

```
boolean flag= true;
booleanchoose= false;
```

2.3 变量和常量

在 Java 语言中,变量和常量都是程序存储数据的基本单元,下面具体讲解这两种量的特点、区别以及使用方式。

2.3.1 常量

常量指的是在 Java 程序运行过程中始终保持不变的量。根据数据类型的不同,可以将其分为以下类别:

(1)整型常量。整型常量是整数类型的数据,有二进制、八进制、十进制和十六进制 4 种表示形式,具体表示形式如下:

①二进制。由数字 0 和 1 组成的数字序列。例如:1001011。

②八进制。以 0 开头并且其后由 0~7 范围的整数组成的数字序列。例如:056。

③十进制。由数字 0~9 范围的整数组成的数字序列。如:123。

④十六进制。以 0x 或 0X 开头并其后由 0~9、A~F 组成的数字序列。

(2)浮点数常量。浮点数常量就是在数学中用到的小数,分为 float 单精度浮点数和 double 双精度浮点数两种类型。单精度浮点数后面以 F 或 f 结尾。具体示例如下:

```
3.14f10.630  12.8
```

(3)字符常量。字符常量用于表示一个字符,字符常量要用一对英文半角格式的单引号('')引起来,具体示例如下:

```
'a''3''* ''\n''\u0000'
```

注意:'\u0000'表示一个空白字符,即在单引号之间没有任何字符。

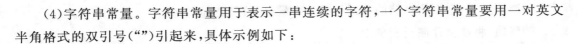

（4）字符串常量。字符串常量用于表示一串连续的字符，一个字符串常量要用一对英文半角格式的双引号（""）引起来，具体示例如下：

> "你好""abc""Welcome tomy school"

（5）布尔常量。布尔常量即布尔型的两个值 true 和 false，用于表示逻辑判断的真与假。

（6）null 常量。null 常量只有一个值 null，表示对象的引用为空。

2.3.2　变量

在用计算机解决问题时，通常需要处理各种数据，在处理数据的过程中，又会产生新的数据，这就需要我们对这些数据进行存储，以便程序在执行过程中反复使用。这就需要在程序中提供存储数据的容器，此容器被称为变量。

在使用变量时，需要为变量取名，即为变量名，然后就能通过变量名来访问变量中的数据。因此，变量的基本概念可以理解成有名字、类型、大小的存储空间。例如有以下代码：

```
int a= 1,b;
b= a+ 2;
```

第一行代码的作用是定义了两个变量 a 和 b，相当于分配了两块内存单元，变量 a 和 b 在内存中的状态如图：

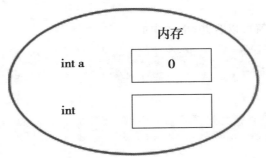

第二行代码的作用是为变量赋值，在执行第二行代码时，程序首先取出变量 a 的值，与 2 相加后，将结果赋值给变量 b，此时变量 a 和 b 在内存中的状态如图：

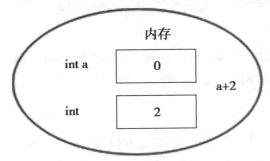

变量的使用分为以下 3 个步骤：

①声明变量：根据所存储的数据类型为变量申请存储空间。

②赋值：将数据存储至变量中。

③使用变量：使用变量中的值。

例如有一件衣服价格为 200 元，定义变量保存衣服的价格并输出，见示例 2-1。

例 2-1

```java
public class Example2_1{
    public static void main(String[] args){
        int price;
        price= 200;
        System.out.println(price);
    }
}
```

运行结果如图 2-2 所示：

图 2-2

提示：

声明变量和变量赋值可以合并，上例中的

```java
int price;
price= 200;
```

可以改写为

```java
int price= 200;
```

提示：

可以一次声明多个相同数据类型的变量，变量之间用逗号隔开，例如：

```java
int age1,age2,age3;
```

注意：

1. Java 中的变量区分大小写，name 和 Name 是两个不同的变量。

2. 在同一个程序块中不能定义相同的变量名。

📖 本章小结

☞ 变量是一个数据存储空间的表示，它是存储数据的基本单元。

☞ Java 中的基本数据类型有 8 种，分别是：byte、int、short、long、float、double、char、boolean。

☞ Java 中使用 String 类型表示字符串,它由双引号引起来的若干字符组成。

☞ 变量的使用分为三个步骤:声明变量、赋值、使用。

☞ 程序调试是排查程序问题的方法总称,其主要方法有:设置断点、单步执行、观察变量的值。

习题

一. 选择题

1. 下列哪一个是合法的标识符(　　)。

   A. 12class　　　　B. ＋viod　　　　C. －5　　　　D. _black

2. 下列哪一个不是 Java 语言中保留字(　　)。

   A. if　　　　B. sizeof　　　　C. private　　　　D. null

3. 下列描述中正确的一项是(　　)。

   A. 标识符首字符的后面可以跟数字

   B. 标识符不区分大小写

   C. 复合数据类型变量包括布尔型、字符型、浮点型

   D. 数组属于基本数据类型

4. 下列选项中,哪一项不属于 Java 语言的简单数据类型(　　)。

   A. 整数型　　　　B. 数组　　　　C. 字符型　　　　D. 浮点型

5. 下列关于基本数据类型的取值范围描述中,正确的是(　　)。

   A. byte 类型范围是 －128～128

   B. boolean 类型范围是真或者假

   C. char 类型范围是 0～32767

   D. short 类型范围是 －32767～32767

6. 下列哪个不是正确标识符(　　)。

   A. ＄million　　　　B. ＄_million　　　　C. 1＄_million　　　　D. ＄1_million

7. 下列关于 Java 语言中要使用的一个变量,不正确的是(　　)。

   A. 在 Java 程序中要使用一个变量,必须先对其进行声明

   B. 变量声明语句可以在程序的任何地方,只要在变量使用前就可以

   C. 变量不可以在其作用域之外使用

   D. 局部变量在使用之前可以不初始化,系统使用默认的初始值

8. 下列 Java 语句中,不正确的一项是(　　)。

   A. int ＄e,a,b＝10　　　　　　　　B. char c,d＝'a'

   C. float e＝0.0d　　　　　　　　D. double e＝0.0f

9.下列关于自动类型转型的说法中,哪个正确( )。

　A. char 类型数据可以自动转换为任何简单的数据类型的数据

　B. char 类型数据只能自动转换为 int 类型数据

　C. char 类型数据不能自动转换 boolean 类型数据

　D. char 类型不能做自动类型转换

10. 下列语法中不正确的一个是( )。

　A. float a＝1.1f　　　　　　　　B. byte d＝128

　C. double c＝1.1/0.0　　　　　　D. char b＝1.1f

二、编程题

1.定义两个变量 a 和 b,分别给这两个变量赋值,通过程序交换这两个变量的值,然后输出交换之前和交换之后变量的值。

2.声明变量存储学生的个人信息(姓名、性别、班级),通过键盘输入个人信息,最后将个人信息输出。

第 3 章　运算符与表达式

本章重点

- 掌握算术、关系和逻辑运算符
- 掌握数据类型的转换
- 了解运算符的优先级

　　运算符和表达式是构成程序语句的要素,必须切实掌握、灵活运用。Java 提供了多种运算符,分别用于不同运算处理。表达式是由操作数(变量或常量)和运算符按一定的语法形式组成的符号序列。一个常量或一个变量名是最简单的表达式。表达式是可以计算值的运算式,一个表达式有确定类型的值。

3.1　算术运算符与算术表达式

3.1.1　算术运算符

　　算术运算符用于数值量的算术运算,在日常生活中较为常见,最简单的算术运算符是:＋(加),－(减),*(乘),/(除)。运算规则见表 3-1。

表 3-1　Java 中的算术运算符

运算符	说明	举例
＋	加法运算符,求两数的和	7＋3＝10
－	减法运算符,求两数的差	7－3＝4
*	乘法运算符,求两数的积	7 * 3＝21
/	除法运算符,求两数的商	7/3＝2
％	取模运算符,求两数相除的余数	7％3＝1

按照 Java 语法，我们把由算术运算符连接数值型操作数的运算式称之为算术表达式。例如：x＋y＊z/2、i＋＋、(a＋b)％5 等。

关于算术运算符的案例见示例 3-1。

例 3-1

```java
class Example3_1
  {
    public static void main(String [] args)
    {
        int a= 7,b= 3;
        int result;
        result= a+ b;//加法运算
        System.out.println(a+ "加"+ b+ "的和是:"+ result);
        result= a- b;//减法运算
        System.out.println(a+ "减"+ b+ "的差是:"+ result);
        result= a* b;//乘法运算
        System.out.println(a+ "乘"+ b+ "的积是:"+ result);
        result= a/b;//除法运算
        System.out.println(a+ "除"+ b+ "的商是:"+ result);
        result= a% b;//求模运算
        System.out.println(a+ "除"+ b+ "的余数是:"+ result);
    }
  }
```

运行结果如图 3-1 所示。

```
<terminated> Demo [Java Application] D:\Program Files\Java\jdk1.7.0_51\bin\javaw.exe (2018年1月4日 下午3:24:06)
7加3的和是:10
7减3的差是:4
7乘3的积是:21
7除3的商是:2
7除3的余数是:1
```

图 3-1

注意：

在进行除法运算时，如果参与运算的两个数都为整数，则结果也为整数，如 5/2＝2；如果有一个数为小数，则结果为小数，如 5.0/2＝2.5。

3.1.2　自增、自减运算符

在算术运算符中，还存在两个较为特殊的单目运算符，分别是自增（＋＋）和自减（－－），它们的作用是使变量值自增 1 或自减 1。

根据所放位置的不同,自增、自减运算又可分为前置运算和后置运算,这两种位置会导致结果不相同。

前置运算是指将自增或自减运算符放在变量前面,此时会先自增或自减然后再使用,例如:

int a=1;

int b=++a;

执行完毕后,变量 a 和 b 的值均为 2。

后置运算是指将自增或自减运算符放在变量后面,此时会先使用变量然后再自增或自减,例如:

int a=1;

int b=a++;

执行完毕后,变量 a 的值为 2,b 的值均为 1。

关于自增、自减的案例见示例 3-2

例 3-2

```
class Example3_2
  {
    public static void main(String[] args)
    {
      int a= 2,b;
      b= a+ + ;
      System.out.println(a- - );
      System.out.println(b);
      System.out.println(b+ + );
      System.out.println(- - a);
    }
  }
```

运行结果如图 3-2 所示。

<terminated> Demo [Java Application] D:\Program Files\Java\jdk1.7.0_51\bin\javaw.exe (2018年1月4日 下午3:25:36)
3
2
2
1

图 3-2

注意:

1. 自增或自减运算只能作用于变量,如 1－－,2＋＋均为错误写法。

2.单独使用自增、自减运算时,前置和后置的效果相同。例如:

a++等价于++a;

3.2 关系运算符与关系表达式

在程序中,我们通常使用 boolean 类型来表示真和假,Java 提供了关系运算符用于两个量的比较运算,它们是:>(大于),<(小于),>=(大于等于),<=(小于等于),==(等于),!=(不等于)。具体的运算方式见表 3-2。

表 3-2 Java 中的关系运算符

运算符	说明	举例
>	大于	7>3,结果为 true
<	小于	7<3,结果为 false
>=	大于等于	7>=3,结果为 true
<=	小于等于	5<=5,结果为 true
==	等于	7==3,结果为 false
!=	不等于	7!=3,结果为 true

关系运算符的使用见示例 3-3。

例 3-3

```
class Example3_3
  {
    public static void main(String [] args)
    {
      int a= 17,b= 23;
      boolean result;
      result= a>b;
      System.out.println(a+ ">"+ b+ "的结果是:"+ result);
      result= a<b;
      System.out.println(a+ "<"+ b+ "的结果是:"+ result);
      result= a>= b;
      System.out.println(a+ ">= "+ b+ "的结果是:"+ result);
      result= a<= b;
      System.out.println(a+ "<= "+ b+ "的结果是:"+ result);
```

```
    result= a= = b;
        System.out.println(a+ "= = "+ b+ "的结果是:"+ result);
        result= a! = b;
        System.out.println(a+ "! = "+ b+ "的结果是:"+ result);
    }
}
```

运行结果如图 3-3 所示。

<terminated> Demo [Java Application] D:\Program Files\Java\jdk1.7.0_51\bin\javaw.exe (2018年1月4日 下午3:27:08)
17>23的结果是:false
17<23的结果是:true
17>=23的结果是:false
17<=23的结果是:true
17==23的结果是:false
17!=23的结果是:true

图 3-3

注意:

运算符"= ="和"="的区别:"= ="是关系运算符,用于比较运算符两边的操作数是否相等,结果为 boolean 类型;"="是赋值运算符,表示将右边的值赋值给左边。

3.3　逻辑运算符与逻辑表达式

在程序中经常要结合多个条件表达式的值来得到最终的结果,为了完成复杂的连接多个条件的逻辑判断问题,Java 提供了一组逻辑运算符,如表 3-3 所示。

表 3-3　Java 中的逻辑运算符

逻辑运算符	名称	举例	结果
&&	与	a&&b	如果 a 和 b 都为 true,则返回 true,否则为 false
||	或	a||b	如果 a 和 b 任一为 true,则返回 true,否则为 false
!	非	! a	如果 a 为 true,则返回 false

可以从"选举投票"的角度理解逻辑运算符。

① 与:要求所有人都投票同意,才能通过某议题。

② 或:只要有一个人投票同意就可以通过某议题。

③ 非:某人原本投票同意,通过非运算符,可以使其投票变为不同意。

有关逻辑运算符的使用见示例 3-4。

例 3-4

```java
class Example3_4
  {
    public static void main(String [] args)
    {
      boolean a= true;//a 同意
      boolean b= false;//b 反对
      boolean c= false;//c 反对
      boolean d= true;//d 同意
      //a 与 b 都必须同意才能通过
      System.out.println((a && b)+"未通过");
      //a 与 b 只要有一人同意就能通过
      System.out.println((a || b)+"通过");
      //a 为反对才能通过
      System.out.println((! a)+"未通过");
    }
  }
```

运行结果如图 3-4 所示。

```
<terminated> Demo [Java Application] D:\Program Files\Java\jdk1.7.0_51\bin\javaw.exe (2018年1月4日 下午3:29:35)
false未通过
true通过
false未通过
```

图 3-4

3.4　条件运算符

条件运算符(? :)也被称为"三元运算符"。

语法格式如下:

布尔表达式? 表达式 1:表达式 2

运算过程:如果布尔表达式的值为 true,则返回表达式 1 的值,否则返回表达式 2 的值。

例如:

```
String str= (7>3)？"7 大于 3"："7 小于 3"；
System.out.println(str);
```

因为表达式 7>3 的值为 true，所以返回：7 大于 3。

条件运算符的使用见示例 3-5。

例 3-5

```
class Example3_5
   {
    public static void main(String [] args)
    {
        int score= 70;
        String mark= (score>= 60)"及格"："不及格"；
        System.out.println("考试结果："+ mark);
    }
   }
```

运行结果如图 3-5 所示。

图 3-5

3.5　位运算符

位运算符主要用于整数的二进制位运算。可以把它们分为移位运算和按位运算。

1. **移位运算**

(1)位右移运算(>>)。">>"用于整数的二进制位右移运算，在移位操作的过程中，符号位不变，其他位右移。

例如：将整数 a 进行右移 2 位的操作：a>>2。

(2)位左移运算(<<)。"<<"用于整数的二进制位左移运算，在移位操作的过程中，左边的位移出(舍弃)，右边位补 0。

例如：将整数 a 进行左移 3 位的操作：a<<3。

(3)不带符号右移运算(>>>)。">>>"用于整数的二进制位右移运算，在移位操作的过程中，右边位移出，左边位补 0。

例如:将整数 a 进行不带符号右移 2 位的操作:a>>>2。

2.按位运算

(1)&(按位与)。"&"运算符用于两个整数的二进制按位与运算,在按位与操作过程中,如果对应两位的值均为 1,则该位的运算结果为 1,否则为 0。

例如,将整数 a 和 b 进行按位与操作:a&b。

(2)|(按位或)。"|"运算符用于两个整数的二进制按位或运算,在按位或操作过程中,如果对应两位的值只要有一个为 1,则该位的运算结果为 1,否则为 0。

例如:将整数 a 和 b 进行按位或操作:a|b

(3)^(按位异或)。"^"运算符用于两个整数的二进制按位异或运算,在按位异或操作过程中,如果对应两位的值相异(即一个为 1,另一个为 0),则该位的运算结果为 1,否则为 0。

例如:将整数 a 和 b 进行按位异或操作:a^b。

(4)~(按位取反)。"~"是一元运算符,用于单个整数的二进制按位取反操作(即将二进制位的 1 变为 0,0 变为 1)。

例如:将整数 a 进行按位取反操作:~a。

位运算符的使用见示例 3-6。

例 3-6

```java
class Example3_6
{
    public static void main(String [] arg)
    {
        int i1= - 128,i2= 127;
        System.out.println("i1= "+ Integer.toBinaryString(i1));
        System.out.println("i1>>2 = "+ Integer.toBinaryString(i1>>2));
        System.out.println("i1>>>2= "+ Integer.toBinaryString(i1>>>2));
        System.out.println("i2= "+ Integer.toBinaryString(i2));
        System.out.println("i2>>>2= "+ Integer.toBinaryString(i2>>>2));
        System.out.println(" i1&i2= "+ Integer.toBinaryString(i1&i2));
        System.out.println(" i1^i2= "+ Integer.toBinaryString(i1^i2));
        System.out.println(" i1|i2= "+ Integer.toBinaryString(i1|i2));
        System.out.println("~ i1= "+ Integer.toBinaryString(~ i1));
    }
}
```

程序运行结果如图 3-6 所示。

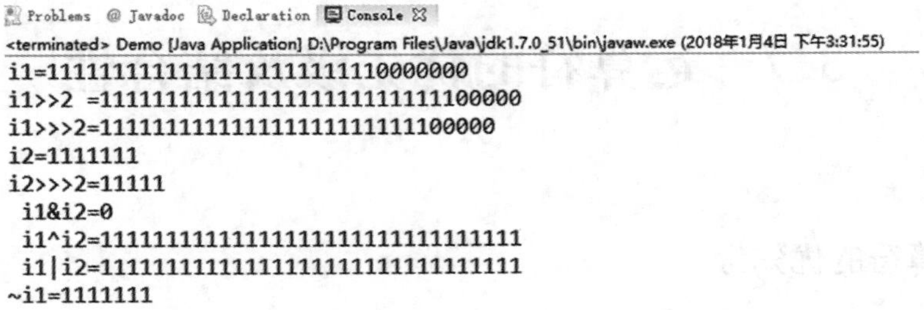

```
Problems @ Javadoc Declaration Console ✕
<terminated> Demo [Java Application] D:\Program Files\Java\jdk1.7.0_51\bin\javaw.exe (2018年1月4日 下午3:31:55)
i1=11111111111111111111111110000000
i1>>2 =11111111111111111111111111100000
i1>>>2=11111111111111111111111111100000
i2=1111111
i2>>>2=11111
 i1&i2=0
 i1^i2=11111111111111111111111111111111
 i1|i2=11111111111111111111111111111111
~i1=1111111
```

图 3-6

结果是以二进制形式显示的,如果是负值,32 位二进制位数全显示;如果是正值,前导 0 忽略,只显示有效位。

注意:

为了以二进制形式显示,程序中使用 Integer 类的方法 toBinaryString() 将整数值转换为二进制形式的字符串。

3.6　复合赋值运算符与赋值表达式

Java 中有些表达式可以通过复合赋值运算符进行简化。复合赋值运算符和算术运算符组合形成,用于对变量自身执行算术运算。例如:

```
a= a+ 3;//等同于 a+ = 3
```

符号"+="就是复合赋值运算符,表 3-4 列出了 Java 中常见的复合赋值运算符。

表 3-4　Java 中的复合赋值运算符

运算符	说明	举例
+=	加法运算	a+=2 等同于 a=a+2
−=	减法运算	a−=2 等同于 a=a−2
*=	乘法运算	a*=2 等同于 a=a*2
/=	除法运算	a/=2 等同于 a=a/2
%=	模运算	a%=2 等同于 a=a%2

3.7　运算符的优先级及结合性

3.7.1　运算符的优先级

最简单的表达式是一个常量或一个变量,当表达式中含有两个或两个以上的运算符时,就称为复杂表达式。在组成一个复杂的表达式时,要注意表达式中运算符的运算先后顺序。

表达式中运算的先后顺序由运算符的优先级确定,掌握运算的优先次序是非常重要的,它确定了表达式的表达是否符合题意,表达式的值是否正确。表 3-5 列出了 Java 中所有运算符的优先级顺序。

表 3-5　Java 中运算符的优先级

优先级	运算符	结合性
1	()[]	从左到右
2	！＋(正) －(负) ++ ——	从右到左
3	* / %	从左到右
4	＋(加) －(减)	从左到右
5	<<>>>>>	从左到右
6	<<= >>= instanceof	从左到右
7	==! =	从左到右
8	&(按位与)	从左到右
9	^	从左到右
10	|	从左到右
11	&&	从左到右
12	||	从左到右
13	?:	从右到左
14	= += -= *= /= %=	从右到左

说明:

①该表中的优先级按照从高到低的顺序书写,优先级为 1 的最高,优先级 14 的最低。

②结合性是指运算符结合的顺序,通常都是从左到右。从右到左的运算符最典型的就是负号,例如 1＋－2,意义为 1 加上－2,负号首先和运算符右侧的内容结合。

③instance of 的作用是判断对象是否为某个类或接口类,后续章节会有介绍。

其实在实际开发中,不需要刻意去死记硬背这些优先次序,使用多了,自然也就熟悉了。

在书写表达式时,如果不太熟悉某些优先次序,可使用(　　　　)运算符改变优先次序。例如:

```
int m= 12;
int n= m << 1 + 2;
int n= m << (1 + 2);//这样更直观
```

在表达式较为复杂的时候,适当的增加括号,更加方便编写代码,也便于代码的阅读和维护。

3.7.2 数据类型的转换

在同一个表达式中可以包含整型、实型、字符型等数据。运算中,不同类型的数据先转化为同一类型,然后进行运算,一般情况下,系统自动将两个运算术中低级的运算术转换为和另一个较高级运算术的类型相一致的数,然后再进行运算。这一过程称为数据类型转换,主要的转换方式有两种:自动类型转换和强制类型转换。

(1)自动类型转换在 Java 中,整型、实型、字符型被称为基本数据类型,这些类型按照由低到高排列如下:

低──→高

byte → short, char → int → long → float → double

自动类型转换需要满足两个条件:

①两种类型要兼容:数值类型(整型和浮点型)互相兼容。

②目标类型大于源类型。例如 double 类型大于 int 类型。

当操作数向大操作数类型转换时,计算结果也为表达式中大操作数的类型,基本数据类型的转换方式如图 3-7 所示。

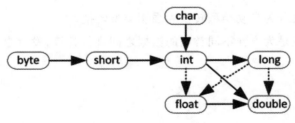

图 3-7

(2)强制类型转换。强制类型转换可以将大数据类型转化为小数据类型(如将 double 转换为 int),但是在转换过程中可能会丢失数据的精度。具体用法见示例 3-7。

例 3-7

```
class Example3_7
  {
```

```
public static void main(String[] args)
{
    int a= (int)10.3; //double 转化为 int 类型
    System.out.println("a= "+ a);
    char c= (char)97;//int 转化为 char 类型
    System.out.println("c= "+ c);
}
}
```

程序运行结果如图 3-8 所示。

Problems | @ Javadoc | Declaration | 🖳 Console ✕

\<terminated> Demo [Java Application] D:\Program Files\Java\jdk1.7.0_51\bin\javaw.exe (2018年1月4日 下午3:33:28)

a=10

c=a

图 3-8

 本章小结

☞ 在 Java 中,运算符按功能分为:赋值运算符、算术运算符、关系运算符和逻辑运算符。

☞ 关系运算符运算后的结果为 boolean 类型。

☞ 逻辑运算符可以连接多个关系运算符,它的操作数与结果均为 boolean 类型。

☞ 表达式中的运算规则按运算符的优先顺序从高向低进行,同级的运算符则按从左到右的方向进行

☞ 数据类型转换分为自动类型转换和强制类型转换。

☞ 数据类型转换是为方便不同类型的数据之间进行计算,发生自动类型转换有一定的条件。

 习题

一. 选择题

1.下列不属于逻辑运算符的是(　　　)。

　A. !　　　　　　　　B. ||　　　　　　　　C. &&　　　　　　　　D. ==

2.若定义 int a=2,b=2,下列表达式中值不为 4 的是(　　　)。

　A. a*(++b)　　　　B. a*(b++)　　　　C. a+b　　　　　　D. a*b

3.假设 int x=2,三元表达式 x>0? x+1:5 的运行结果是以下哪一个(　　　)。

　A. 0　　　　　　　B. 2　　　　　　　　C. 3　　　　　　　　D. 5

4.下面的运算符中,用于执行模运算的是哪个(　　)。

A. /　　　　　　　B. %　　　　　　　C. *　　　　　　　D. \

5.以下代码执行后的 i 的值是(　　)。

int i＝1;

int s＝i＋＋;

i＋＋;

s＝＋＋i;

A. 1　　　　　　　B. 2　　　　　　　C. 3　　　　　　　D. 4

6.int x＝10,y＝20,则执行下列代码后 result 的值是(　　)。

x＋＝20;

result＝x＋y;

System. out. println(" result＝"＋ result);

A. result＝10　　　B. result＝50　　　C. result＝40　　　D. result＝60

二、程序分析题

阅读下面的表达式,写出表达式的值。

(1)int a＝2,b＝3;

c＝a / b * 8;

(2)float a＝3.0F,b;

b＝a / 0;

(3)double a＝3.0,k;int b＝3,c＝2;

k＝a / c ＋ b / c;

(4)int a＝3,b＝6,c;

C ＝(a＋＋) ＋ (＋＋b) ＋ a * 2 ＋ b * 4;

(5)int a＝10,b＝3,c;

c＝((a % b) ＝＝ 0)a * 2:b * 2;

三、编程题

1.某人翻越一座山用了 2h,返回用了 2.5h,他上山的速度是 3000m/h,下山的速度是 4500m/h,编写 Java 程序计算翻越这座山要走多少米?

2.甲乙两地相距 100m,小明以 0.82m/s 的速度从甲地到乙地,小刚以 0.63m/s 的速度从乙地走到甲地,编写 Java 程序计算两人相遇时用了多少秒(结果要求为整数)。

第4章 选择结构

本章重点

- 流程图与程序结构
- if 选择结构
- if-else 选择结构
- 嵌套的选择结构
- switch 分支结构

Java 语言通过流程控制语句来控制程序的执行,共有三种流程控制语句:顺序结构、选择结构和循环结构。本章重点介绍选择结构语句:if 语句和 switch 语句。

4.1 流程图与程序结构

1.流程图

在实际生活中我们经常希望将解决问题的方法与步骤直观的表示出来,为了实现该目的,在程序中一般采用流程图来描述程序的执行过程。以特定的图形符号加上说明,表示算法的图,称为流程图。其基本图形符号及代表含义,如图 4-1 所示。

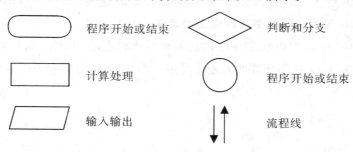

图 4-1　流程图基本图形符号

接下来通过一个案例来了解如何使用流程图描述网站登录的过程,如图 4-2 所示。

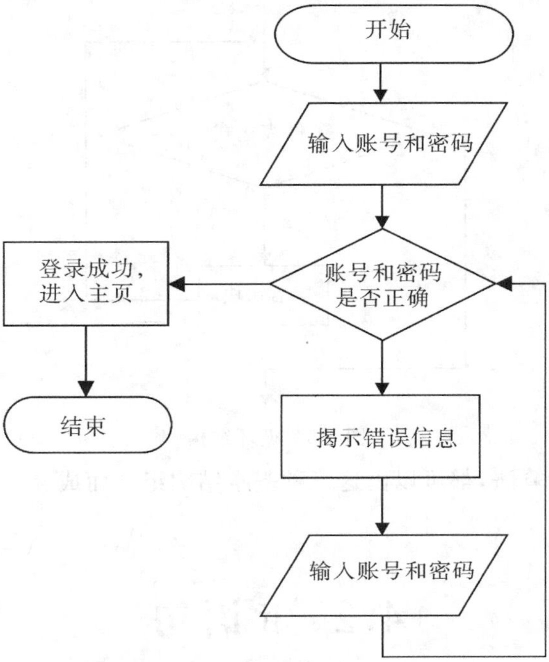

图 4-2　网站登录流程图

2.程序结构

Java 语言提供了顺序、选择和循环三种基本的流程控制结构。

(1)顺序结构。最简单的流程结构,程序依据代码先后次序依次执行各条语句,如图 4-3 所示。

图4-3　顺序结构

(2)选择结构。根据条件判断,从而决定执行哪一段代码,如图 4-4 所示。

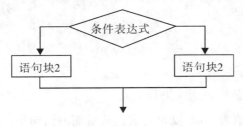

图 4-4　选择结构

（3）循环结构。重复执行某一段代码,如图 4-5 所示。

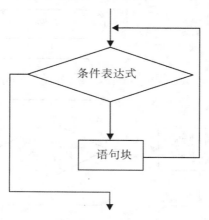

图 4-5　循环结构

任何简单或复杂的算法,都可以由这三种基本结构组合而成。

4.2　if 语句

在实际生活中,经常会需要做一些逻辑判断,并根据逻辑判断结果做出选择。例如,情人节快到了,一男生一直在暗恋一个女生,他在考虑情人节那天要不要对女生表白。这种情况可以通过下面一段伪代码来描述。

> **如果表白**
>
> 　　**一切皆有可能!**

在这里,男生和女生一切皆有可能,必须以"表白"为前提。只有逻辑判断"男生表白"这一前提条件为真时,"一切皆有可能!"这情况才能得到执行。在生活当中,类似这样的情形是很常见的。

相应地,在 Java 程序设计语言中,也有相应的条件语句来完成类似的逻辑判断和有选择地执行这样的功能,这就是 if 语句。if 语句的语法格式如下 :

```
if(条件表达式){
    语句块
}
```

if 语句执行的过程如下:

①对 if 后面括号里的条件表达式进行判断。

②如果条件表达式的值为 true,就执行表达式后面的语句块。

③如果条件表达式的值为 false,则跳过 if 语句,执行下一条语句。

if 语句是只有一个选择的语句结构,所以又叫单分支选择结构,其流程图如下图 4-6 所示。

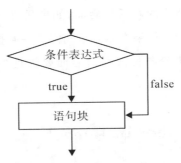

图 4-6　if 语句流程图

接下来通过代码来实现前面所描述的情况,以此学习一下 if 语句的具体用法,如例 4-1 所示。

例 4-1　Example4_1.Java

```java
public static void main(String[] args) {
    //创建输入对象
    Scanner sc= new Scanner(System.in);
    //提示用户输入数据,输入 1 表示是,输入 0 表示否
    System.out.println("请问你是否表白?（1/0）");
    //从控制台接收键盘输入的值,并保存到 choose 变量中
    int choose= sc.nextInt();
    if(choose= = 1)
    {
        System.out.println("一切皆有可能!");
    }
}
```

运行结果如图 4-7 所示。

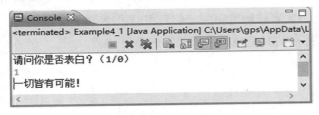

图 4-7　例 4-1 运行结果

例 4-1 中,定义了一个整型变量 choose,其值为接收控制台的键盘输入。在 if 语句的判断条件中判断 choose 的值是否等于 1,如键盘输入的是 1,则条件成立,{}中的语句会被执行,从而输出"一切皆有可能!"。

需要注意的是,在条件表达式的右括号后面,如果只有一条执行语句的话,那么可以跟一对大括号,也可以不跟大括号。如果有多条语句需要一起执行,则必须用大括号把多条语句括起来,形成语句块。建议不论条件成立时后面要执行多少条语句,一律用大括号括起来。请看例 4-2。

例 4-2　Example4_2.Java

```java
public static void main(String[] args) {
    int x= 5;
    int y= 5;
    int z= 5;
    if(z>10)
        x++ ;
        y++ ;
    System.out.println("x= "+ x);
    System.out.println("y= "+ y);
}
```

运行结果如图 4-8 所示。

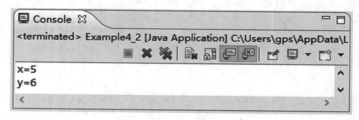

图 4-8　例 4-2 运行结果

在例 4-2 中,定义了想 x、y、z 三个变量,其初始值都为 5。在 if 语句的判断条件中判断 z 是否大于 10,很明显条件不成立。从图 4-8 的运行结果可以看出,x 的值没有变,y 的值由 5 变成了 6。说明条件不成立只是影响到 x 的自增,y 的自增不受其影响。由此说明当 if 条件后面没有{}时,受其控制的只是跟在后面的第一条语句。

4.3　if－else 语句

有时候,需要根据逻辑判断结果分别做出选择。例如,在上节的例子中,当男生考虑是否表白时,结果也可能是这样的:

如果表白

　　一切皆有可能!

否则

　　Game Over!

在这里,根据男生是否表白,有两个选择:当逻辑判断"表白"这一前提条件为真时,执行"一切皆有可能!";否则,如果逻辑判断不为真,就执行"Game Over!"。在生活当中,类似这样的情形是很常见的。

相应地,在 Java 程序设计语言中,也有相应的条件语句来完成类似的逻辑判断和有选择地执行这样的功能,这就是 if－else 语句。if－else 语句的语法格式如下:

```
if(条件表达式){
    语句块 1
}else{
    语句块 2
}
```

if-else 语句执行的过程如下:

①对 if 后面括号里的条件表达式进行判断。

②如果条件表达式的值为 true,就执行语句块 1。

③如果条件表达式的值为 false,就执行语句块 2。

if-else 语句又称为双分支选择结构,其流程图如图 4-9 所示:

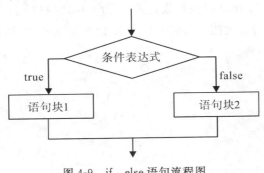

图 4-9　if…else 语句流程图

接下来通过代码实现刚刚描述的问题，如例 4-3 所示。

例 4-3　Example4_3.Java

```java
public static void main(String[] args) {
    //创建输入对象
    Scanner sc= new Scanner(System.in);
    //提示用户输入数据,输入 1 表示是,输入 0 表示否
    System.out.println("请问你是否表白？（1/0）");
    //从控制台接收键盘输入的值,并保存到 choose 变量中
    int choose= sc.nextInt();
    if(choose= = 1){
        System.out.println("一切皆有可能!");
    }else{
        System.out.println("Game Over!");
    }
}
```

运行结果如图 4-10 所示。

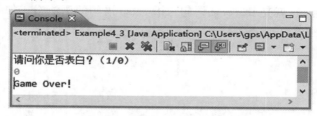

图 4-10　例 4-3 运行结果

例 4-3 中，在控制台输入的是 0，保存在变量 choose 中，这样判断条件不成立。因此会执行 else 后面{}中的语句，打印"Game Over!"。

在 Java 中有一种特殊的运算叫三元运算，它和 if…else 语句类似，语法如下：

判断条件　表达式 1:表达式 2

三元运算符会得到一个结果，通常用于对某个变量赋值。问号前面的位置是判断的条件，判断结果为 bool 型，为 true 时执行表达式 1，为 false 时执行表达式 2。

例如求两数 x,y 中的较大值，如果用 if…else 语句来实现，具体代码如下：

```java
int x= 0;
int y= 1;
int max;
if(x>y){
    }else{
    max= y;
}
```

上面代码执行后,变量 max 的值为 1。其中 3—8 行的代码可以使用下面的三元运算来替换。

```
int max= x>y? x:y;
```

4.4　if…else…if 语句

除了单分支结构的 if 语句和双分支结构的 if…else 语句之外,还有一种常用的选择结构是多分支结构,使用 if…else…if 语句实现。if…else…if 语句的语法格式如下:

```
if(条件表式 1){
    语句块 1
}else if(条件表达式 2){
    语句块 2
}
…
else if(条件表达式 n- 1){
    语句块 n- 1
}else{
    语句块 n
}
```

if…else…if 语句执行的过程如下:

①对 if 后面括号里的条件表达式进行判断。

②如果条件表达式的值为 true,就执行语句块 1。

③否则,对条件表达式 2 进行判断。如果条件表达式的值为 true,就执行语句块 2。

④否则,依此类推。

⑤如果所有条件表达式的值都为 false,最后执行语句块 n。

if…else…if 语句的执行流程图如图 4-11 所示:

if-else—if 语句依次对 if 后面的条件表达式进行判断,遇到第一个值为真的表达式时,就执行其后面的语句块,然后整个 if-else—if 语句就结束了,不再对后面的条件表达式进行判断和执行了。理论上,可以有无限多个 else if 子句。

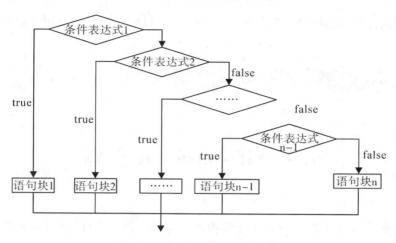

图 4-11 if...else...if 语句流程图

接下来通过一个案例来实现对学生考试成绩进行等级划分,如例 4-4 所示。

例 4-4 Example4_4.Java

```java
public static void main(String[] args) {
    int score= 85;//定义代表学生成绩的变量 score,并赋初值
    if(score >= 90){//如果成绩大于等于 90 分
        //执行这个语句块,并结束本 if-else- if 语句
        System.out.println("您的成绩优秀!");
    }else if(score >= 80){//满足这个条件表达式
        //执行这个语句块,并结束本 if-else- if 语句
        System.out.println("您的成绩良好!");
    }else if(score >= 70){//如果成绩大于等于 70 分
        //执行这个语句块,并结束本 if-else- if 语句
        System.out.println("您的成绩中等!");
    }else if(score >= 60){//如果成绩大于等于 60 分
        //执行这个语句块,并结束本 if-else- if 语句
        System.out.println("您的成绩及格!");
    }else{//如果以上条件都不成立,即成绩小于 60 分
        System.out.println("您的成绩不及格!");
    }
}
```

运行结果如图 4-12 所示。

图 4-12 例 4_4 运行结果

在本例中,当程序执行到 score >= 80 这个表达式时,计算其结果为 true,执行其后的语句块,输出"您的成绩良好!",并结束 if-else—if 语句,转到该语句最后一个大括号后面,执行其后面的语句。

需要注意的是,最后的 else 语句可以省略,那么当所有的条件表达式都不成立时,什么也不执行。

if 选择结构除了以上几种情况外,还有一种情况就是 if 语句的嵌套。其语法如下:

```
if(条件表达式 1){
        if(条件表达式 2){
    语句块 1;
        } else {
    语句块 2;
        }
} else {
    if(条件表达式 3) {
      语句块 3;
    } else {
    语句块 4;
      }
}
```

其形式就是在 if…else 语句的基础上变化来的,将原来的语句块用另一个完整的 if…else 语句结构替代,这就是 if 语句的嵌套。嵌套选择结构的语法形式不止这一种,根据实际情况有多种形式,只要将原来的 if 或 if…else 语法中语句块,替换成另一个 if 或 if…else 结构,我们就说这种情况为嵌套。

接下来通过一个案例,继续完善我们之前关于是否表白的案例,以此来学习选择结构的嵌套,如例 4-5 所示。

例 4-5 Example4_5.Java

```
public static void main(String[] args) {
    //创建输入对象
```

```
Scanner sc= new Scanner(System.in);
    //提示用户输入数据,输入1表示是,输入0表示否
    System.out.println("请问你是否表白? (1/0)");
    //从控制台接收键盘输入的值,并保存到choose变量中
    int choose= sc.nextInt();
    if(choose= = 1){
      System.out.println("一切皆有可能!");
      System.out.println("表白时你是否会送花? (1/0)");
      //重新接收键盘输入的值
      choose= sc.nextInt();
      if(choose= = 1){
        System.out.println("我们去街上逛逛吧!");
      }else{
        System.out.println("我们下次再聊!");
      }
    }else{
      System.out.println("Game Over!");
    }
}
```

运行结果如图4-13所示。

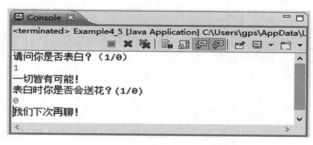

图4-13　例4-5 运行结果

例4-5中,在if…else语句的if语句中又是一个if…else语句。这就是一个典型的if语句嵌套。先判断外面的if的条件是否成立,如成立,进一步判断里面的if条件是否成立,并执行相应的语句。

4.5　switch 条件语句

Switch 条件语句也是一种很常见的选择语句,和 if 条件语句不同,它只能针对某个表达式的值做出判断,从而决定程序执行哪一段代码。其语法格式如下:

```
switch(表达式){
    case 常量表达式 1:语句块 1;
            [break;]
    case 常量表达式 2:语句块 2;
         [break;]
    ...
    case 常量表达式 n:语句块 3;
            [break;]
    default:语句块 n;
    [break;]
}
```

说明:

• switch 后面的表达式值的数据类型可以是字符型(char)、字节型(byte)、短整型(short)或者整型(int),但是不可以是布尔型(boolean)、长整型(long)、浮点型(float、double)。

• case 后面的常量表达式的值的类型,必须与 switch 后面的表达式值的类型相匹配,必须是常量表达式或直接字面量,且各个 case 后面的值不能相同。

• break 语句可以省略。如果省略,那么程序会按顺序执行 switch 中的每一条语句,直到遇到右大括号或 break 为止。

• 语句块可以是一条语句或多条语句,但不需要使用大括号括起来。

• case 分支语句和 default 语句都不是必需的,可以省略。

switch 语句执行的过程如下:

①将 switch 表达式的值与各个 case 后面的常量表达式的值一一进行比较。

②当表达式的值与某个 case 分支的值相等时,程序执行从这个 case 分支开始的语句块。

③如果没有任何一个 case 分支的值与 switch 表达式的值相匹配,并且 switch 语句含有 default 分支语句,则程序执行 default 分支中的语句块。

④直到遇到 break 语句或右大括号,结束 switch 语句。

switch 语句的执行流程图如下图 4-14 所示:

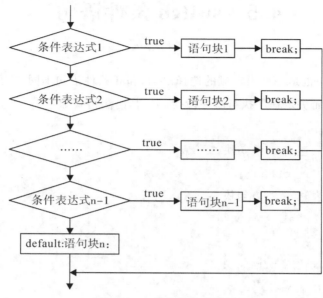

图 4-14 switch 语句流程图

接下来通过一个案例演示名次与奖励的问题,如例 4-6 所示。

例 4-6 Example4_6.Java

```java
public static void main(String[] args) {
    int no= 2; //成绩名次
    switch(no) {
        case 1:
            System.out.println("奖励联想笔记本一台");
        break;
        case 2:
            System.out.println("奖励移动硬盘一个");
            break;
        case 3:
            System.out.println("奖励U盘一个");
            break;
        default:
            System.out.println("没有任何奖励");
            break;
    }
}
```

运行结果如图 4-15 所示。

图 4-15 例 4-6 运行结果

例 4-6 中,由于变量 no 的值为 2,整个 switch 语句判断的结果满足"case 2:"的条件,因此打印"奖励移动硬盘一个"。例中的 default 语句用于处理和前面的 case 都不匹配的值,如将 no 的值改为 5,再次运行程序,输出结果如图 4-16 所示。

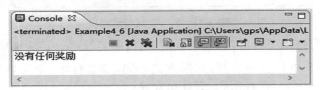

图 4-16 例 4-6 修改后运行结果

在使用 switch 过程中,如果多个 case 条件后面的执行语句是一样的,则该执行语句只需写一次即可。例如,要判断一周中的某一天是否为工作日,使用数字 1－7 表示星期一到星期日,当输入的数字为 1、2、3、4、5 时就显示工作日,否则为休息日。接下来通过一个案例来实现这种描述情况。如例 4-7 所示。

例 4-7 Example4_7.Java

```java
public static void main(String[] args) {
    Scanner sc= new Scanner(System.in);
    System.err.println("请输入今天星期几:");
    int week= sc.nextInt();
    switch (week) {
        case 1:
        case 2:
        case 3:
        case 4:
        case 5:
            //当 week 满足值 1、2、3、4、5 中任意一个时,处理方式相同
            System.out.println("今天是工作日");
            break;
        case 6:
        case 7:
            //当 week 满足值 6、7 中任意一个时,处理方式相同
```

```
            System.out.println("今天是休息日");
            break;
        }
    }
```

运行结果如图 4-17 所示。

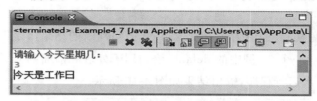

图 4-17 例 4-7 运行结果

例 4-7 中,由运行结果图看出,当输入 3 时,执行的是"case 5:"后面的语句,由此说明当 week 值为 1、2、3、4、5 中任意一个时,处理方式相同,都会打印"今天是工作日"。同理,当 week 值为 6、7 中任意一个时,打印"今天是休息日"

从功能上来讲,if 语句和 switch 语句都是多分支选择语句,在通常情况下,对于多分支选择结构,使用 if 语句和使用 switch 语句从作用上讲是相同的。但是在实际编写程序时,一般遵循下面的使用原则:

①如果分支的层次不超过三层,那么通常使用 if … else … if 语句;否则,使用 switch 语句。

②如果条件判断语句是对一个变量是否属于一个范围进行判断,如"a>60 && a< 89",这时要使用 if … else … if 语句。

③如果是对同一个变量的不同值作条件判断时,既可以使用 if … else … if 语句,也可以使用 switch 语句。但建议优先使用 switch 语句,其执行效率相对高一些。

本章小结

在 Java 语言中,选择结构主要有 if 和 switch 两种结构。if 选择结构又有单分支 if、双分支 if、多重 if 以及嵌套 if。单分支 if 结构是最基本的条件结构之一。它根据判断指定条件是否成立来决定是否执行特定代码。双分支 if 结构也称为 if-else 结构,用于根据条件判断的结果执行不同操作。多重 if 结构是在 if-else 结构的 else 语句中包含另外一个 if-else 结构,并且将其后的 if 关键字直接放置于前一个 else 之后,是依次重叠的 if-else 语句。嵌套 if 语句是在 if 语句中,包含一个或多个 if 语句。switch 语句又称为多路分支条件语句,通过判断表达式的值与整数或字符常量列表中的值是否相匹配来选择相关联的执行语句。switch 关键字之后表达式的值,其类型可以是 char、int 和 string。case 之后必须是一个常量表达式,其类型同样可以是 char、int 和 string。case 块可以存在多个,且可以改变相互之间的顺序,但每个 case 之后常量表达式的值不能相同。当表达式的值与任何一个 case 之后常量表达式的值皆不匹配时，执行 default 语句，可以省略。break 用于跳出当前 switch 结构，不再继续执行 switch 结构中剩余部分。

 习题

一、选择题

1. 下列语句序列执行后，i 的值是(   )。

```
int i＝8,j＝16；
if( i－1 ＞ j ) {
i－－ ;
}else{
j－－ ;
}
```

A. 15   B. 16   C. 7   D. 8

2. 给出下面程序段

```
if(x＞0){
System. out. println (" Hello. ");
}else{
if(x＞－3){
System. out. println ("Nice to meet you! ");
}else{
System. out. println ("How are you? ");
}
}
```

若打印字符串"How are you? "，则 x 的取值范围是(   )。

A. x＞0   B. x＞－3   C. x＜＝－3   D. x＜＝0＆＆x＞－3

3. 下列程序执行后 a 的值是(   )。

```
int a＝2；
switch(a){
case 0：
case 3：a＝a＋2；braek；
case 1：
case 2：a＝a＋3；break；
default：a＝a＋5；break；
}
```

A. 0   B. 5   C. 10   D. 其他

4. 在 switch(expression)语句中,expression 的数据类型不能是(　　)。(选择两项)

　　A. double　　　　　　B. char　　　　　　C. float　　　　　　D. int

5. 编译并运行下面的 Java 语言代码段:

```
char c='a';
switch(c){
        case'a':
            System. out. println ("a");
        default:
            System. out. println ("default");
}
```

　　输出结果是(　　)。

　　A. 代码无法编译,因为 switch 语句没有一个合法的表达式

　　B. a default

　　C. a

　　D. default

6. 下列语句序列执行后,i 的值是(　　)。

```
int i=8, j=16;
if( i-1 > j ) {
    i-- ;
}else{
    j-- ;
}
```

　　A. 15　　　　　　　　B. 16　　　　　　　　C. 7　　　　　　　　D. 8

7. 以下程序段的输出结果为 (　　)。

```
int   x=0,y=4, z=5;
if ( x>2){
if(y<5){
        System. out. println ("Messageone");
}else{
System. out. println ("Message two");
}
    }elseif(z>5){
        System. out. println ("Message three");
}else{
```

```
System. out. println ("Message four");
    }
```

A. Message one　　　B. Message two　　　C. Message three　　D. Message four

8. 下列语句序列执行后,k 的值是(　　)。

```
int x＝6，y＝10，k＝5；
switch( x ％ y＝＝6 ){
        case 0：k＝x * y；
        case 6：k＝x/y；
case 12：k＝x－y；
default：k＝x * y－x；
    }
```

A. 60　　　　　　　　B. 5　　　　　　　　C. 0　　　　　　　　D. 54

9. 下面代码输出的结果是(　　)。

```
double i＝3.1；
switch(i){
    case 3.0：printf("3.0")；
    case 3.1：printf("3.1")；
    default：printf("3.2")；
    }
```

A. 3.0　3.1　3.2　B. 3.1　　　　　　　　C. 3.1　3.2　　　　　D. 编译出错

10. 下面语句段的输出结果是什么(　　)。

```
int i＝9；
switch (i){
        default：System. out. println("default")；
        case 0：System. out. println("zero")；break；
        case 1：System. out. println("one")；
        case 2：System. out. println("two")；
    }
```

A. default　　　　　　B. default zero　　　C. 出错　　　　　　　D. 没有输出任何信息

二、编程题

1. 编写一个程序,其功能为:从键盘输入三个数 x、y、z,判断 x＋y＝z 是否成立,若成立输出 "x＋y＝z"的信息,否则输出"x＋y!＝z"的信息。

2. 某产品生产成本 c＝c1＋mc2,其中 c1 为固定成本,c2 为单位产品可变成本。当生产数量 m＜10000 时,c1＝20000 元,c2＝10 元;当生产数量 m≥10000 时,c1＝40000 元,c2＝5

元;编写一个程序,其功能为:输入要生产的产品数量,然后计算出总生产成本及单位生产成本(即每个产品的平均成本)。

3. 输入学生的成绩,利用计算机将学生的成绩划分出等级并输出:90~100:A 级;80~89:B 级;70~79:C 级;60~69:D 级;0~59:E 级。

4. 某学生食堂每天推出一道特色菜,请通过编程实现根据星期数显示当天的特色菜。

星期	菜名
星期一	红烧牛肉
星期二	辣子鸡丁
星期三	回锅肉
星期四	鱼香肉丝
星期五	干锅排骨
星期六	酸菜鱼
星期天	油焖大虾

第 5 章　循环结构

本章重点

- 循环结构
- while 循环
- do—while 循环
- for 循环
- 嵌套循环
- 循环语句的比较
- break 语句
- continue 语句

在日常生活中,会有很多需要反复执行的事情,比如:每一年的 4 个季节,每一周的 7 天,每日的 3 餐,打印机每份文档打印 50 份,一圈跑道 400 米跑 3 圈,都是在反复执行的。诸如此类需要反复执行的情况,在 Java 语言中可以通过循环这种语法结构来解决。循环是程序设计语言中反复执行某些代码的一种计算机处理过程,是一组相同或相似语句被有规律的重复性执行。

对于循环来说,需要考虑两个要素,其一要素为循环体,也就是被反复执行的相同或相似的语句,其二要素为循环的条件,也就是循环得以继续执行下去的条件,常常以循环次数的方式体现。

常用的循环结构有:while、do-while、for。接下来针对这三种循环语句分别进行详细的讲解。

5.1　while 循环语句

while 语句是循环的一种常见语法结构,语法如下:

```
while( 判断表达式 ) {
        语句块;
}
```

while 语句的执行过程为,首先计算判断表达式的值,而后进行判断,若值为 true 则执行语句块,语句块执行完后再次计算判断表达式的值,如果为 true 则继续执行语句块,如此循环往复,直到判断表达式的值为 false 时退出 while 循环而执行 while 之后的语句。

其执行流程图如图 5-1 所示。

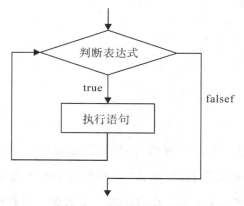

图 5-1　while 循环流程图

需要注意的是,一般情况下,循环操作中会存在使得循环条件不满足的可能性,否则该循环将成为"死循环"。"死循环"意味着会一直执行循环体操作,循环后面的语句永远不会被执行,"死循环"在软件系统中是需要避免的。

while 语句在实际应用中应用比较广泛,接下来通过一个案例,使用 while 循环语句实现复印 36 张试卷,如例 5-1 所示。

例 5-1　Example5_1.Java

```
public static void main(String[] args) {
        //循环计数器初始值为 1
        int count= 1;
        //循环能进行的条件为小于等于 36
        while(count<= 36){
```

```
        //循环内容
        System.out.println("复印第"+ count+ "份试卷");
        //计数器累加
        count+ + ;
    }
}
```

运行结果如图 5-2 所示。

图 5-2　例 5-1 运行结果

从例 5-1 中,可以将循环的过程进一步细化为 4 部分:循环条件的初始化部分(int count
=1;)、循环执行条件部分(count＜＝36)、循环体部分(输出语句)、循环条件改变部分
(count＋＋)。通过这 4 部分就可以有效的组织循环的过程。

在编写循环代码时,对于初学者容易出现下面一些错误:

①循环一次都不执行,代码如下。

```
int i= 1;
while(i＞5){
    System.out.println("Hello Java!");
    i+ + ;
}
```

运行发现,循环一次都不会执行,原因是循环条件"i＞5"永远为 false,应该修改循环条
件为"i＜＝5"。while 循环条件为 true 才执行循环体,条件为 false 时不执行循环体。

②循环执行次数错误,如循环输出 5 行"Hello Java!",代码如下。

```
int i= 1;
while(i＜5){
    System.out.println("Hello Java!");
    i+ + ;
}
```

程序运行时,输出 4 行"Hello Java!",原因是当 i＝5 时,i＜5 的结果为 false,循环条件
不满足,循环体没有执行。可以将循环条件更改为 i＜＝5 或者将 i 的初始值更改为 0.

③死循环,循环代码如下。

```
int i= 1;
while(i<= 5){
    System.out.println("Hello Java!");
    }
```

在此循环中,循环条件一直没有改变,i 的值永远是 1,而 i≤=5 永远是 true,所以循环体会一直执行,循环不会结束。循环体中可以添加代码"i++",来实现循环条件的改变,使循环条件趋向于 false,从而结束循环。

5.2　do…while 循环语句

do…while 语句也是循环的一种常见语法结构,语法如下:

```
do {
    语句块
} while(判断表达式 );
```

do…while 语句的执行过程为,先执行语句块,再执行判断表达式,如果为 true 则再次执行语句块,如此循环往复,直到判断表达式的值为 false 时止。也就是说,do…while 语句,无论判断表达式是否为 true,都先执行一次语句块。其执行的流程图如图 5-3 所示。

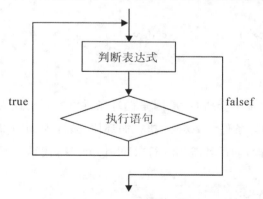

图 5-3　do…while 流程图

接下来使用 do…while 循环语句将例 5-1 进行改写,如例 5-2 所示。

例 5-2　Example5_2.Java

```
public static void main(String[] args) {
    //循环计数器初始值为 1
    int count= 1;
```

```
    do{
        //循环内容
        System.out.println("复印第"+ count+ "份试卷");
        //计数器累加
        count+ + ;
    }while(count<= 36);//循环能进行的条件为小于等于 36
}
```

运行结果如图 5-4 所示。

图 5-4　例 5-2 运行结果

例 5-2 和例 5-1 运行结果一致,这就说明 do…while 循环和 while 循环能实现同样的功能。然而在程序运行过程中,这两种语句还是有差别的。如果循环条件在循环语句开始时就不成立,那么 while 循环的循环体一次都不会执行,而 do…while 循环的循环体还是会执行一次。若将两个例题中的循环条件 count<=36 改为 count<1,例 5-2 会打印一行"复印第 1 份试卷",而例 5-1 什么也不会打印。

5.3　for 循环语句

for 语句是循环中最最常用的一种方式。for 循环用于将某个语句或语句块重复执行预定次数的情形。语法如下:

```
for ( 表达式 1;表达式 2;表达式 3 ) {
语句块(循环体)
}
```

可以看出,for 循环的三个表达式之间通过分号";"进行分隔,其执行逻辑如下所示:

①计算表达式 1 的值,通常为循环变量赋初值。

②计算表达式 2(表达式 2 为逻辑表达式)的值,即判断循环条件是否为真,若值为。

真则执行循环体一次(语句块),否则跳出循环。

③执行循环体。

④计算表达式 3 的值,此处通常写更新循环变量的赋值表达式。

⑤计算表达式 2 的值,若值为 true 则执行循环体,否则跳出循环。

⑥如此循环往复,直到表达式 2 的值为 false。

其执行的流程图如图 5-5 所示。

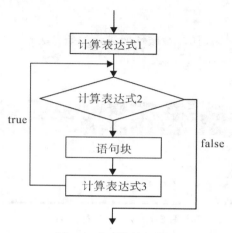

图 5-5　for 循环流程图

接下来通过一个案例,使用 for 循环语句实现求 1—100 闭区间的和,如例 5-3 所示。

例 5-3　Example5_3.Java

```java
public static void main(String[] args) {
    int sum= 0;//保存和值
    for (int i= 0; i <= 100; i++ ) {
        //累加求和
        sum+ = i;
    }
    System.out.println("1~ 100 的和为:"+ sum);
}
```

运行结果如图 5-6 所示。

在例 5-3 中,for 循环的执行过程如下。

①先初始化变量 i(int i=1)。

②然后判断循环条件(i<=100)。

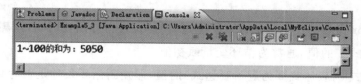

图 5-6　例 5-3 运行结果

③如果条件为 true,则执行循环体进行累加求和(sum+=i),然后继续执行迭代部分,

改变循环变量的值(i++)，然后继续判断表达式 2，这样就在判断、循环体于迭代部分之间形成循环，直至表达式 2 的值判断为 false。

④如果循环条件为 false，则循环体不执行，直接退出循环结构，不会执行循环体操作和迭代部分。

通过上面的代码可以看出，for 语句实现循环时需要 3 个表达式并且使用分号";"分隔，在实际使用时，for 语句可以有几种特殊的使用方法。

特殊方式 1：表达式 1 位置内容为空，看如下代码：

```
int sum= 0 ;
int i= 1;
for ( ; i <= 10 ; i+ + ) {
sum + = i;
}
```

System. out. println("1 到 10 的和为:" + sum) ;

通过上面的代码可以看出，虽然省略了表达式 1，但只是将它放在了 for 循环的外面进行声明，只是位置不同而已。在此需要注意一点，即使 for 语句中不写表达式 1 了，表达式 2 前面的分号";"也不能省略。

特殊方式 2：表达式 3 位置内容为空时，看如下代码：

```
int sum= 0 ;
for ( int i= 1 ; i <= 10 ; ) {
sum + = i;
i + + ;
}
```

System. out. println("1 到 10 的和为:" + sum) ;

通过上面的代码可以看出，虽然省略了表达式 3，但也只是将它放在了 for 循环体之中，只是位置不同而已。在此需要注意一点，即使 for 语句中不写表达式 3 了，表达式 2 后面的分号;也不能省略。

特殊方式 3：表达式 1,2,3 位置内容均为空时，看如下代码：

```
for ( ; ; ) {
System.out.println("我要学习……");
}
```

通过上面的代码可以看出，如上代码没有循环变量、没有条件控制，因此会造成死循环，而死循环在编写程序过程中是必须要避免的，可以在循环体中添加 break 跳出循环。

特殊方式 4：表达式 1 和 3 位置内容的多样化

for 语句中的三个表达式中表达式 1 和表达式 3 可以使用逗号表达式，逗号表达式就是通过","运算符隔开的多个表达式组成的表达式,从左向右进行计算。如例 5-4 所示。

例 5-4　Example5_4.Java

```java
public static void main(String[] args) {
    for ( int i = 1 , j= 6 ; i <= 6 ; i + = 2 , j - = 2 ) {
        System.out.println("i , j= "+ i + "," + j );
    }
}
```

例 5-4 的执行逻辑如下:初始设置 i 为 1,j 为 6,判断 i 是否小于等于 6,为真执行循环体,而后执行 i+=2,j-=2,即:i 增 2,j 减 2。再判断 i 是否小于等于 6,为真继续执行循环体,以此类推,直到条件为 false。本程序的输出结果如图 5-7 所示。

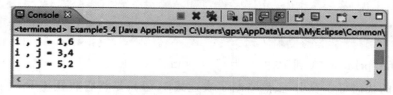

图 5-7　例 5-4 运行结果

5.4　循环嵌套

嵌套循环是指在一个循环语句的循环体中再定义一个循环语句的语法结构。while、do … while、for 循环语句都可以进行嵌套,并且它们之间也可以相互嵌套。

接下来通过几个案例来进一步了解循环的嵌套,如例 5-5 所示,使用"＊"打印直角三角形。

例 5-5　Example5_5.Java

```java
public static void main(String[] args) {
    int i,j;//定义两个循环变量
    for (i= 1; i <= 9; i+ + ) {//外层循环
        for(j= 1;j<= i;j+ + ){//内层循环
            System.out.print("* ");//打印* ,不换行
        }
        System.out.println();//换行
    }
}
```

运行结果如图 5-8 所示。

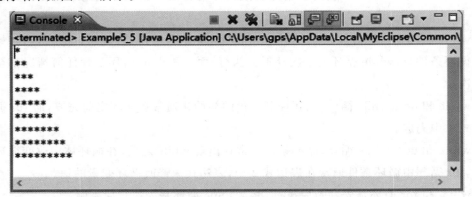

图 5-8　例 5-5 运行结果

在例 5-5 中定义了两层 for 循环,分别为外层循环和内层循环,外层循环用于控制打印行数,内层循环用于打印"*",每一行的"*"个数逐行增加,最后输出一个直角三角形。由于嵌套循环程序比较复杂,下面分步骤进行详细的讲解,具体如下:

①先定义两个循环变量 i 和 j,其中 i 为外层循环变量,j 为内层循环变量。

②外层的 for 循环,将 i 初始化为 1,条件 i＜＝9 为 true,首次进入外层循环的循环体。

③内层的 for 循环,将 j 初始化为 1,由于此时 i＝1,条件 j＜＝i 为 true,首次进入内层循环的循环体,打印一个"*"。

④执行内层循环的操作表达式 j＋＋,将 j 的值自增为 2。

⑤执行内层循环的判断条件 j＜＝i,判断结果为 false,内层循环结束。执行后面的代码,即打印换行。

⑥执行外层循环的操作表达式 i＋＋,将 i 的值自增为 2。

⑦执行外层循环的判断条件 i＜＝9,判断结果为 true,进入外层循环的循环体,继续执行内层循环。

⑧于 i 的值为 2,内层循环的 j 又重新初始化为 1,这样满足 j＜＝i 条件时,内层循环体会执行两次,即打印两个"*"。内层循环结束时会打印换行。

⑨以此类推,在第 3 行打印 3 个"*",逐行递增,直到 i 的值为 10 时,外层循环的判断条件 i＜＝9 结果为 false,外层循环结束,整个程序也就结束了。

5.5　循环语句的比较

通过前面的学习,对三种循环语句的过程已有基本认识,实际上这三种循环语句是可以完成一样的功能,也就是说可以等价转换,但在实际使用过程中还是有所区别和侧重的,下面就这三种循环进行比较一下。

①while 和 do…while 一般用于循环次数未知情况,for 循环一般用于循环次数已知的情况。

②while 循环先判断再执行,而 do…while 循环先执行一次,再判断。那么,当初始情况不满足循环条件时,while 循环就一次都不会执行,而 do-while 循环不管任何情况都至少会执行一次。

③while 和 do…while 循环,循环控制变量的初始化通常在循环之前完成,而 for 循环则在表达式 1 中完成。

④while 和 do…while 循环,循环条件通常在出现 while 之后,在循环体中改变循环条件的语句,for 循环中循环条件通常在表达式 2 中,表达式 3 修改循环变量的值。

⑤while 和 for 循环是先判断后执行,do…while 循环是先执行后判断

5.6 跳转语句

跳转语句用于实现循环执行过程中程序流程的跳转,在 Java 中的跳转语句有 break 语句和 continue 语句。接下来分别进行详细的讲解。

5.6.1 break 语句

循环中的 break 语句应用率很广,break 可用于循环语句或 switch 语句中,其用于循环时,可使程序终止循环而执行循环后面的语句,常常与条件语句一起使用。其语法格式如下。

break;

接下来通过一个案例模拟在操场上跑步,以此来了解 break 语句的使用,如例 5-6 所示。

例 5-6 Example5_6.Java

```java
public static void main(String[] args) {
    //总共要跑 5 圈,如果跑到第 3 圈,因身体不适,跑不动,可以直接退出
    for (int i= 1; i <= 5; i++) {
        if(i= = 3){
            System.out.println("老师,我身体不好,是跑不动了,要退出!");
            //break 直接退出当前 for 循环体,则下面的跑圈操作将不执行
            break;
        }
        System.out.println("围绕操场跑第"+ i+ "圈");
    }
}
```

运行结果如图 5-9 所示。

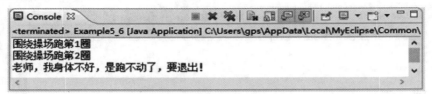

图 5-9　例 5-6 运行结果

需注意的是，break 只能跳出它所在的当前循环。如 break 出现在嵌套循环中的内层循环时，它只能跳出内层循环，如外层循环条件依然为真，则外层循环仍会继续执行。

5.6.2　continue

continue 语句只能用于循环语句中，通常与条件语句一同使用，当满足一定条件时，终止本次循环，跳转至下一次循环。其语法格式如下。

continue;

它的工作原理如下图 5-10 所示。

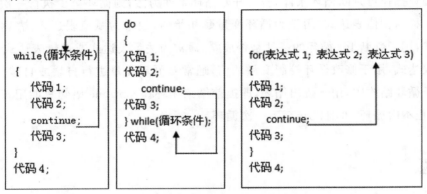

图 5-10　continue 工作原理

接下来通过一个案例实现输出 1~10 之间的所有整数，3 的倍数除外，如例 5-7 所示。

例 5-7　Example5_6.Java

```java
public static void main(String[] args) {
    for (int i= 1; i <= 10; i++ ) {
        if(i% 3== 0){//如果是 3 的倍数则退出本次,继续下一次
            continue;//跳过其后的语句,直接进入下一次循环
        }
        System.out.println(i);
    }
}
```

运行结果如图 5-11 所示。

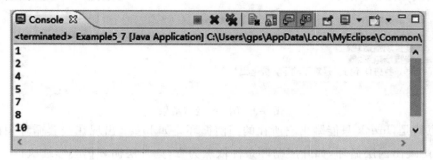

图 5-11 例 5-7 运行结果

 **本章小结**

Java 语言中常见的循环包括 while 循环、do—while 循环和 for 循环。while 循环是先判断循环条件再执行循环操作,若一开始循环条件为假,则循环一次也不执行;do—while 循环是先执行循环操作再判断循环条件,若一开始循环条件为假,则循环至少执行一次;for 循环中表达式 1 称为初值表达式,用于为循环变量赋初始值,通常为赋值表达式,表达式 2 称为条件表示式,用于判断 for 循环的条件是否成立,通常为关系表达式或逻辑表达式,表达式 3 称为修改表达式,用于修改循环控制变量的值,通常对循环变量进行自增或自减。break 语句可以用于循环结构中,用于跳出循环,即提前结束循环。continue 语句只能用于循环结构中,用于终止本次循环,并且跳转至下一次循环。

 习题

一、选择题

1. 执行下面的 Java 程序段后,输出结果是(   )。

```
int a=5;
while( a-->0);
System. out. println( a+" ");
```

A. 54321   B. 4321   C. 0   D. -1

2. 下面的 Java 语言代码段的输出结果是(   )。

```
int j;
for(j=1; j<10; j+=2)
System. out. print(j+" ");
```

A. 1 2 3 4 5 6 7 8 9   B. 2 4 6 8

C. 1 3 5 7 9   D. 1 2 4 6 8

3. 在 Java 语言中,以下不是死循环的语句是(　　　)。

A. int x＝0；

　　do{x＋＋;}while(x＞＝1)；

B. for(k＝10；；k－－)；

C. int x,y,k＝1；

　　for(y＝0，x＝1；x＞＋＋y；x＝k＋＋)

　　k＝x；

D. while(1＝＝1){x＋＋;}

4. 下述 Java 源程序代码,程序运行时在控制台打印输出值为(　　　)。

int count＝3；

while(count＞1){

Console. Write(－－count)；

}

A. 32　　　　　　　B. 321　　　　　　　C. 21　　　　　　　D. 2

5. 分析下列的 Java 程序代码,程序运行时在控制台打印输出值为(　　　)。

int count＝5；

do{

Console. Write(＋＋count)；

}while(count＜5)；

A. 5　　　　　　　B. 6　　　　　　　C. 4　　　　　　　D. 没有输出

6. 关于如下程序结构的描述中,哪一项是正确的(　　　)。

for（；；）

{ 循环体；}

A. 不执行循环体　　　　　　　　　　B. 一直执行循环体,即死循环

C. 执行循环体一次　　　　　　　　　D. 程序不符合语法要求

7. 分析下述代码,下列说法正确的是(　　　)。

int k＝10；

while(k＝＝0) {

k＝k－1；

}

A. 循环将执行 10 次　　　　　　　　B. 死循环,将一直执行下去

C. 循环将执行 1 次　　　　　　　　　D. 循环一次也不执行

8. 下述 Java 代码的运行结果是(　　　)。

public static void main(String[] args) {

```
int sum=0;
for(int count=1;count<5;) {
if(count%2==0) {
sum +=count;
}
count++;
}
System. out. println(sum);
}
```

    A. 1   B. 4   C. 6   D. 10

9. 关于下列代码描述正确的是(　　)。

```
int i=10;
while(i>0){
i=i+1;
if(i==10){
break;
}
}
```

    A. while 循环执行 10 次   B. 死循环
    C. 循环一次都不执行   D. 循环执行一次

10. 在 Java 语言中,给定代码片段如下所示,则编译运行后,输出结果是(　　)。

```
for(int i=0;i<10;i++){
if(i==10-i){
break;
}
if(i%3! =0)
{
continue;
}
System. out. println ("{0}",i);
}
```

    A. 0   B. 03   C. 036   D. 0369

二、编程题

1. 计算 100 以内(包括 100)的偶数之和。

2. 编一个程序,用 while 循环语句,从键盘输入 10 个数,要求找出最小数和最大数。

3. 编一个程序,从键盘输入 10 个实数,分别求出它们中的正数之和,以及负数之和。

4. 打印九九乘法表。

1 * 1＝1

1 * 2＝2　2 * 2＝4

1 * 3＝3　2 * 3＝6　3 * 3＝9

┄┄┄┄┄┄┄┄┄┄┄┄┄┄┄┄┄┄

1 * 9＝9　2 * 9＝18　3 * 9＝27┄┄┄┄┄┄┄┄┄┄┄┄┄9 * 9＝81

5. 打印如下图形。

*

* * *

* * * * *

* * * * * * *

第6章 方 法

 本章重点

- 方法概述
- 无参数的方法
- 有参数的方法

6.1 方法概述

在前面几个章节中我们经常使用到 System. out. println()，那么它是什么呢？

println() 是一个方法。

System 是系统类。

out 是标准输出对象。

这句话的用法是调用系统类 System 中的标准输出对象 out 中的方法 println()。

假设有一个游戏程序，程序在运行过程中，要不断地发射炮弹。发射炮弹的动作需要编写 100 行的代码，在每次实现发射炮弹的地方都需要重复地编写这 100 行代码，这样程序会变得很臃肿，可读性也非常差。为了解决代码重复编写的问题，可以将发射炮弹的代码提取出来放在一个 { } 中，并为这段代码起个名字，这样在每次发射炮弹的地方通过这个名字来调用发射炮弹的代码就可以了。上述过程中，所提取出来的代码可以被看做是程序中定义的一个方法，程序在发射炮弹时调用该方法即可。

那么什么是方法呢？

①Java 方法是语句的集合，它们在一起执行一个功能。

②方法是解决一类问题的步骤的有序组合。

③方法包含于类或对象中。

④方法在程序中被创建，在其他地方被引用。

在 Java 中定义方法的语法如下：

```
访问修饰符　返回值类型　方法名　(参数列表){
    //方法体
}
```

方法包含一个方法头和一个方法体。下面是一个方法的所有部分：

(1)访问修饰符。修饰符,这是可选的,告诉编译器如何调用该方法。定义了该方法的访问类型。

(2)返回值类型。方法返回值的类型,如果方法不返回任何值,则返回值类型指定为 void;如果方法具有返回值,则需要指定返回值的类型,并且在方法体中使用 return 语句返回值。

(3)方法名。定义的方法的名称,必须使用合法的标识符。

(4)参数列表。传递给方法的参数列表,参数可以有多个,多个参数间以逗号隔开,每个参数由参数类型和参数名组成,以空格隔开。

(5)方法体。方法体包含具体的语句,定义该方法的功能。

语法如下：

```
方法名(参数);
```

一个类调用另一个类的方法时,需要先创建被调用的方法所在类的对象,然后通过以下语法调用。

```
对象名.方法名(参数);
```

方法按照是否有返回值和是否有参数,可以分为以下 4 种情况。

①无返回值,无参数的方法。

②有返回值,无参数的方法。

③无返回值,有参数的方法。

④有返回值,有参数的方法。

6.2　无参数的方法

6.2.1　无参数无返回值的方法

方法中没有返回值也没有参数,这样的方法称为无参数无返回值的方法,其方法声明的格式为：

```
public void 方法名(){
    //方法体
}
```

方法没有返回值时,方法的返回类型为 void,表示方法执行完后不返回值。

例 6-1 创建一个名为 hello 的对象,然后通过调用该对象的 show()方法输出信息。

```
public class HelloWorld {
    public static void main(String[] args) {
        HelloWorldhello= newHelloWorld();
        hello.show();
    }
    public void show()
    {
        System.out.println("I Like Java !");
    }
}
```

运行结果如图 6-1 所示:

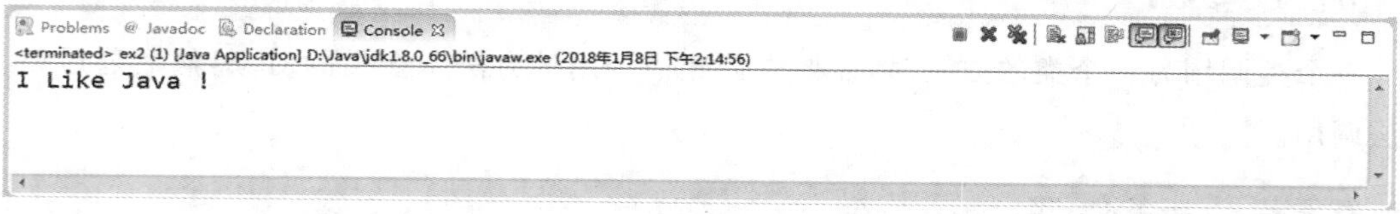

图 6-1

6.2.2 无参数有返回值的方法

方法没有参数,但方法执行完成后返回一个结果,这样的方法称为无参数有返回值的方法,其方法声明的格式为:

```
public   返回值类型   方法名(){
    //方法体
    return 返回值;
}
```

在有返回值的方法中,通过 return 语句返回结果,该结果的类型即为返回值类型,使用 return 返回值语法如下:

```
return 表达式;
```

例 6-2 下面的代码,定义方法名为 calsum,无参数,但返回值为 int 类型的方法,执行的操作为计算两数之和,并返回结果,代码如下:

```
public class HelloWorld {
public static void main(String[] args) {
    // TODO Auto- generated method stub
    HelloWorld hello= new HelloWorld();
    int sum= hello.calsum();
    System.out.print("两数之和为:"+ sum);
}
public int calsum()
{
    int a= 5;
    int b= 12;
    int sum= a+ b;
    return sum;
    }
}
```

运行结果如图 6-2 所示。

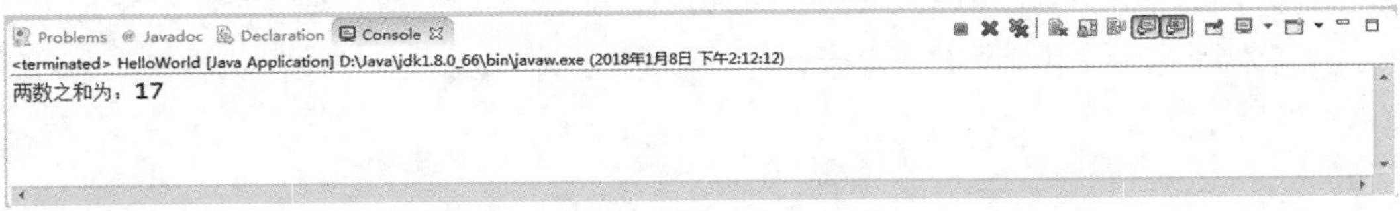

图 6-2

6.3 有参数的方法

6.3.1 有参数的方法概述

在生活中,榨汁机有榨汁机的功能,在使用榨汁功能时,首先要放入水果,如果放入苹果,则可以榨出苹果汁;如放入草莓,则可以榨出草莓汁。再如,计算器有计算两个数相加的功能,首先要将两个数字传入计算方法中,然后使用方法进行计算,最后返回计算结果。类似于此类的方法,称为有参数的方法,该类方法在定义时需要设计好参数的入口,在调用时将给定参数传入到方法中,然后进行使用。

有参数的方法语法如下:

访问修饰符返回类型方法名 (参数列表) {

　　//方法体

}

其中,参数列表是之前没有使用的,定义方法时,n>=0,参数列表的格式如下,其中n>=0。

数据类型参数 1,数据类型参数 2,……,数据类型参数 n

如果 n=0,代表没有参数,此时的方法就是之前讲解的无参数的方法。

调用有参数的方法时,语法如下:

对象名.方法名 (参数 1,参数 2,……,参数 n)

在定义方法时,通常参数列表中声明的参数称为形式参数;在调用方法时,传入到方法中的参数称为实际参数。

榨汁机实例,见例 6-3。

例 6-3

榨汁机类:

```java
public class Juicer {
    public void juice(String fruit){
        System.out.print("榨出一杯"+ fruit+ "汁");
    }
}
```

测试类:

```java
public class TestJuicer {
    public static void main(String[] args) {
    Juicer juicer= new Juicer();
    juicer.juice("苹果");
    }
}
```

运行结果如图 6-3 所示。

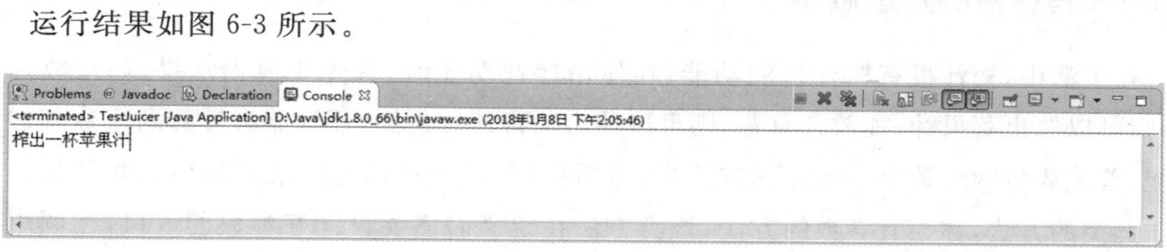

图 6-3

6.3.2 有参数无返回值的方法

定义有参数无返回值的方法的格式如下：

```
public void 方法名 (参数类型参数名 1,……,参数类型参数名 n) {
    //方法体
}
```

在其他类中,调用有参方法的格式如下：

```
对象名 .方法名 (实参 1,……,实参 n);
```

例 6-4

银行卡类：

```java
public class Card {
    String cardNO;
    int balance;
    public void show()
    {
        System.out.println("卡号:"+ cardNO+"中的余额为:"+ balance);
    }
    public void deposit(int money)
    {
        System.out.println("存入金额:"+ money);
        balance+ = money;
        show();
    }
}
```

测试类：

```java
public class BankTest {
    public static void main(String[] args) {
        Card card= new Card();
        card.cardNO= "62286548999";
        card.deposit(1000);
    }
}
```

运行结果如图 6-4 所示。

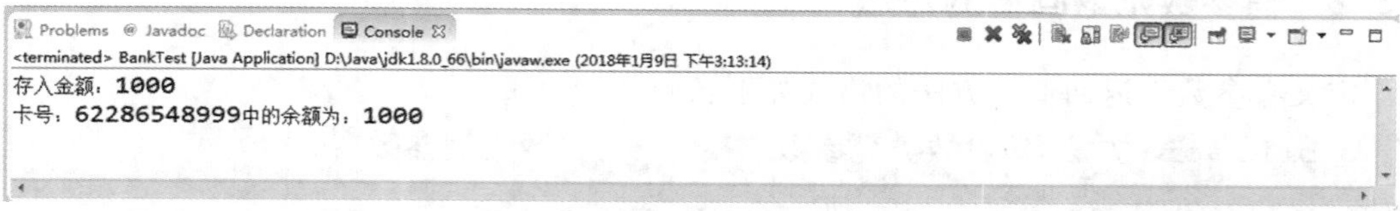

图 6-4

6.3.3 有参数有返回值的方法

定义有参数有返回值的方法的格式如下：

```
public  返回值类型  方法名  (参数类型参数名 1,……,参数类型参数名 n){
    //方法体,在方法体中需要通过 return 返回结果

}
```

调用该类方法时,需要使用变量接收该方法返回的结果,格式如下：

```
变量= 对象名.方法名(实参 1,……, 实参 n);
```

例 6-5

```java
public class Calculator {
    public static void main(String[] args) {
        Calculator cal= new Calculator();
        int num1= 69,num2= 31;
        int sum= cal.add(num1,num2);
        System.out.println(num1+ "和"+ num2+ "的平均值为:"+ (sum/2.0));
    }
    public int add(int num1,int num2)
    {
        return num1+ num2;
    }
}
```

运行结果如图 6-5 所示。

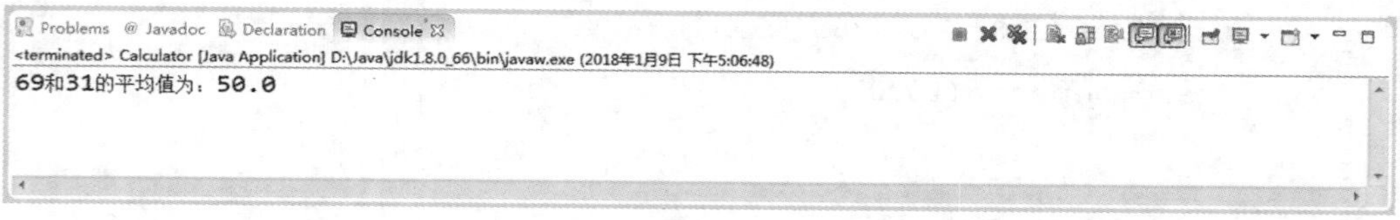

图 6-5

 **本章小结**

定义方法要确定访问修饰符、返回值类型、方法名和参数列表。定义有返回值的方法时,在方法体中必须要有 return 语句,通过 return 语句返回方法执行后的结果。方法的参数分为形参与实参,形参是方法定义时在参数列表中声明的参数,实参是调用方法时传给形参的值。

习题

一、选择题

1. 下列方法的定义,正确的有(　　　)。

A. public String fun( ){
　　return "Hello Java!";
　　}

B. public void fun( ){
　　return "Hello Java!";
　　}

C. public fun( ){
　　System. out. println("Hello Java!");
　　}

D. public String fun(String s){
　　s="Hello Java!";
　　returns;
　　}

2. 下列关于方法定义的说法,错误的是(　　　)。

A. 方法没有返回值时,声明方法时可以省略 void

B. 方法的返回值的数据类型要与定义方法的返回类型一致或兼容

C. 定义方法时写在方法参数列表中的参数是实参

D. 方法名可以任意命名,不需要满足任何规则

3. 阅读下述代码:

```
public class Teacher{
    publicintgiveScore(){
    return 90;
    }
    Public void buy{
        //购买东西
    }
}
```

假设有 Teacher 的对象 teacher,在测试类中,正确调用方法的是(　　　)。

A. teacher. giveScore(90);

B. giveScore();

C. teacher. buy(100);

D. String goods=buy(100);

第7章 数　组

本章重点

- 一维数组的创建与使用
- 多维数组

简单数据类型的变量只能记载一个基本的不可分的数据,如一个整数或一个字符。如果遇到这样问题:将 50 个数保存起来,并按相反的次序打印出来,用简单类型来解读,必须设计 50 个整型变量保存这 50 个数,程序依次要为这 50 个整型变量赋值,再写出这 50 个变量值,这样设计程序是不可想象的。因此仅有简单类型是远远不能满足需要的。这时如果我们采用数组类型来解决问题,程序就会变得简单而可行。

数组(array)是由数目固定、相同类型的元素组成的有序集合,每个元素相当于一个变量,数组是 Java 中的引用类型。数组的元素既可以是简单类型,也可以是引用类型。访问数组中特定的元素可以通过数组名加下标的形式。数组下标的个数就是数组的维数,有一个下标是一维数组,有两个下标是二维数组,依次类推。

7.1　一维数组的创建与使用

7.1.1　一维数组

一个一维数组实际是一列相同类型的变量。数组与其他变量一样,在使用前必须先说明。

1. 声明一维数组变量的格式是:

<类型><数组名>[ ]

其中,<类型>是数组元素的类型,<数组名>是用户自定义的标识符。此处方括号[ ]

是必须的，不是可选项。例如，

　　int a[ ];

　　声明了一个元素类型为整型的数组 a，元素个数没有确定。系统将 a 的值初始化为空 (null)，此时数组 a 并没有得到可用的内存空间。

　　2．使用 new 为数组分配空间

　　只有用 new 为数组分配空间后，数组 a 才真正占用一片连续的存储单元。

　　使用 new 创建一维数组的格式如下：

<数组名>= new <类型>[<长度>]

　　其中，new 是关键字，<数组名>是已声明的数组变量，<类型>是数组元素的类型，[ ]内的<长度>是数组包含的元素个数，<长度>必须为大于 1 的正整数。也就是说，使用 new 分配存储空间时，必须指出元素的类型和个数，用 new 分配的元素被系统自动初始化，如

$$a = new\ int[5];$$

　　创建了一个包含 5 个整型元素的数组 a。

　　在 Java 语言中，所有的数组都是动态地分配存储空间。也可以在声明数组的同时，使用 new 运算符为数组分配空间。例如，

$$int\ a[\ ] = new\ int[5];$$

　　一旦为数组分配了存储空间，程序中就不能改变数组的长度，但可以再次使用 new 为数组重新分配空间。例如，

$$int\ a[\ ] = new\ int[6];$$
$$a = new\ int[10];$$

　　3．声明时为数组赋初值

　　可以在声明数组的同时，为数组赋初值。例如，

$$int\ a[\ ] = \{1,2,3,4,5\};$$

则数组的 5 个元素 a[0]~a[4]分别得到 1~5 这 5 个值。

　　4．数组元素的访问格式

　　通过下标可以访问数组中的任何元素。数组元素的访问格式如下：

<数组名>[<下标表达式>]

　　其中，<下标表达式>(简称下标)是常量表达式，下标从 0 开始，并且各个元素在内存中是按下标的升序顺序连续存放的。

　　Java 对数组下标范围进行严格检查，如果下标超出范围将产生运行错误。

5. 数组元素的运算

通过数组名和下标可以访问数组任意的元素,格式如下,

<＜数组名＞[＜下标＞]>

例如,

$$a[1]=10;$$

数组第 2 个元素 a[1]得到值 10。

由于数组是引用类型,一个数组中包含了多个元素值,数组名的作用只是通过数组名可以访问到该数组中的元素,所以数组本身并不能参加运算,只有数组元素才能参加相应的运算,所以下列操作不合法,将产生"不兼容的类型"的语法错误:

$$a=12;$$　　　　　　　//不能对数组名赋值

数组元素所能参加的运算取决于数组元素的类型,如上述数组 a 的元素为 int 型,则数组元素 a[i]能够参加 int 型所允许的运算,如

$$a[i]= a[i-2]+ a[i-1]$$　　　　//数组元素能够参加运算

访问数组元素 a[i]时,i 的值必须在数组下标的范围内。如下列操作不合法,将产生"数组下标越界(Array Index Out of Bounds Exception)"的语法错误:

$$a[5]=12;$$　　　　　　// 数组下标越界

6. 数组的长度 length

Java 提供了 length 方法返回数组的长度,即数组的元素个数。其格式如下:

<＜数组名＞.length>

例 7-1 数组的定义及初始化

```java
public class example7_1 {
    public static void main(String[] args) {
    // TODO Auto-generated method stub
      Int i;
      Int a[];      // 声明一个整型数组 a
      a= new int[3];      // 开辟内存空间供整型数组 a 使用,其元素个数为 3
      for(i= 0;i<3;i+ + )      // 输出数组的内容
      System.out.print("a["+ i+ "]= "+ a[i]+ ",");
      System.out.println("\n 数组长度是:"+ a.length);
    }

}
```

运行结果如图 7-1 所示。

图 7-1

例 7-2 一维数组的赋值

```java
public class example7_2 {
    public static void main(String[] args) {
        // TODO Auto- generated method stub
        int i;
        int a[]= {5,6,8};      // 声明一个整数数组 a 并赋初值
        for(i= 0;i<a.length;i+ + )      // 输出数组的内容
        System.out.print("a["+ i+ "]= "+ a[i]+ ",\t");
        System.out.println("\n 数组长度是:"+ a.length);
    }
}
```

运行结果如图 7-2 所示。

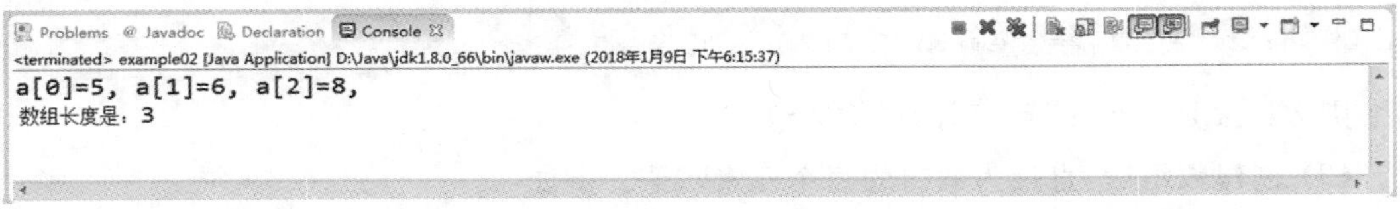

图 7-2

7.2 多维数组

在 Java 中,数组的元素也可以是数组。当一个数组中的每一个元素都是一个一维数组时构建了一个二维数组。依次类推,当每一个数组元素都是一个 n−1 维数组时即构成了 n 维数组。

在程序中可以通过一个数组来保存某个班级学生的考试成绩,试想一下,如果要统计一个学校各个班级学生的考试成绩,又该如何实现呢？这时就需要用到多维数组,多维数组可以简单的理解为在数组中嵌套数组。在程序中比较常见的就是二维数组,下面以二维数组为例进行说明,多维数组与它类似。

7.2.1 二维数组的创建

数组声明格式如下：

数据类型 数组名[ ][ ]；
数据类型[ ][ ] 数组名；

其中，数组类型可以是基本的数据类型，也可以是引用数据类型，数组名可以是任意合法的用户标识符。

当声明多维数组时，用多对"[ ]"表示多维数组的维数。即 n 维数组需要有 n 对"[ ]"。

7.2.2 二维数组的初始化

二维数组的初始化有以下两种形式。

（1）在创建数组时进行初始化：

数据类型 数组名[ ][ ]= new 数据类型[ ][ ]{{值 00,值 01,…},{值 10,值 11, }…}；
或数据类型 数组名[ ][ ]= {{值 00,值 01,…},{值 10,值 11, }…}；

两者功能相类似。数组的维数由初值的个数决定。其中，数组的第二维的长度由{}的对数来决定，第一维数组的长度由{}内的值的个数来决定。

例如：int a[ ][ ]= new int{{1,2,3},{5,6},{5}}；

则数组 a 是一个 3 行 3 列的二维数组。

（2）创建数组后，直接为数组的每个元素赋值。例如：

```
int a[ ][ ]= new int[2][2];
a[0][0]= 1;
a[0][1]= 2;
a[1][0]= 3;
a[1][1]= 4;
```

7.2.3 二维数组的引用

二维数组的元素的引用方式为：

数组名[下标 1][下标 2]；

其中，下标 1,下标 2 分别表示二维数组的第一维、第二维下标。同一维数组类似，数组下标从 0 开始，最大下标为数组该维的长度减 1。

二维数组在矩阵运算中使用得非常广泛。

例 7-3 找出数组元素中的最大值与最小值

```java
public class example7_3 {
    public static void main(String[] args)
    {
        int i,min,max;
        int A[]= {74,48,30,17,62};        // 声明整数数组 A,并赋初值
        min= max= A[0];
        System.out.print("数组 A 的元素包括:");
        for(i= 0;i<A.length;i+ + )
        {
            System.out.print(A[i]+ " ");
            if(A[i]>max)      // 判断最大值
            max= A[i];
            if(A[i]<min)      // 判断最小值
            min= A[i];
        }
        System.out.println("\n 数组的最大值是:"+ max);        // 输出最大值
        System.out.println("数组的最小值是:"+ min);        // 输出最小值
    }
}
```

运行结果如图 7-3 所示:

```
Problems  @ Javadoc  Declaration  Console 
<terminated> example03 [Java Application] D:\Java\jdk1.8.0_66\bin\javaw.exe (2018年1月9日 下午6:31:31)
数组 A 的元素包括: 74  48  30  17  62
数组的最大值是: 74
数组的最小值是: 17
```

图 7-3

例 7-4 用二维数组表示 34 的矩阵,并将其各元素赋值后输出。

```java
public class example7_4{
    public static void main(String[] args) {
        // TODO Auto- generated method stub
        Int i,j;
        int a[][]= new int[3][4];
        for(i= 0;i<3;i+ + )
            for(j= 0;j<4;j+ + )
```

```
            a[i][j]= (i+ 1)* (j+ 2);
        System.out.println("\n* * * 矩阵 a* * * ");
        for(i= 0;i<3;i+ + )
        {
          for(j= 0;j<4;j+ + )
            System.out.print(a[i][j]+ " ");
          System.out.println();
        }
      }
    }
```

运行结果如图 7-4 所示。

图 7-4

 本章小结

数组是最简单的复合数据类型,数组中的每个元素具有相同的数据类型,可以用一个统一的数组名和下标来唯一地确定数组中的元素。Java 中,对数组定义时并不为数组元素分配内存,只有初始化后,才为数组中的每一个元素分配空间。已定义的数组必须经过初始化后,才可以引用。

 习题

一、判断题

1. 在 Java 中数组是一个特殊的类类型(　　)。

2. 数组只要声明即可进行使用(　　)。

3. 在程序中使用数组,需要先声明数组和能够存储数组中元素的类型(　　)。

4. 数组的下标是从 1 开始的(　　)。

二、选择题

1.若已定义:"int a[ ]={0,1,2,3,4,5};",则对 a 数组元素正确的引用是(　　)。

  A. a[−1]　　　　　　B. a[6]　　　　　　C. a[5]　　　　　　D. a(0)

2. 以下定义数组不正确的是( )。

    A. inta[ ]＝new int[5];   B. int[ ] b＝new int[5];

    C. int c[ ]＝{1,2,3,4,5};   D. int d[5]＝{1,2,3,4,5};

3. int a[ ]＝new int[5];

    通过以上数组的定义,数组元素引用格式中错误的是( )。

    A. a[5－3]   B. a[0]   C. a[5]   D. a[i](i＝3)

4. 下面哪种写法可以实现访问数组 arr 的第 1 个元素?

    A. arr[0]   B. arr(0)   C. arr[1]   D. arr(1)

5. 以下哪个选项可以正确创建一个长度为 3 的二维数组?

    A. new int [2][3];

    B. new int[3][ ];   C. new int[ ][3];

    D. 以上答案皆不对

6. 以下( )代码,能够对数组正确初始化(或者是默认初始化)。

    A. int[ ] a;

    B. a＝{1, 2, 3, 4, 5};

    C. int[ ] a＝new int[5]{1, 2, 3, 4, 5};

    D. int[ ] a＝new int[5];

7. 下面关于数组的说法中,错误的是( )(选择两项)。

    A. 在类中声明一个整数数组作为成员变量,如果没有给它赋值,数值元素值为空

    B. 数组可以在内存空间连续存储任意一组数据

    C. 数组必须先声明,然后才能使用

    D. 数组本身是一个对象

8. score 是一个整数数组,有五个元素,已经正确初始化并赋值,仔细阅读下面代码,程序运行结果是( )。

```
temp＝score[0];
for (int index＝1;index ＜ 5;index＋＋) {
    if (score[index] ＜ temp) {
        temp＝score[index];
    }
}
```

    A. 求最大数   B. 求最小数

    C. 找到数组最后一个元素   D. 编译出错

三、写出下列程序完成的功能

```
1. import Java. io. * ;
    public class Reverse
    {   public static void main(String args[ ])
      {   int i , n =10 ;
          int a[ ]=new int[10];
          for ( i=0 ; i < n ; i ++ )
          try {
                BufferedReader br=new BufferedReader(
                      new InputStreamReader(System. in));
                a[i]=Integer. parseInt(br. readLine( )); // 输入一个整数
          } catch ( IOException e ) { } ;
          for ( i=n-1 ; i >= 0 ; i —— )
              System. out. print(a[i]+" ");
      System. out. println( );
        }
    }
```

第8章　字符串

本章重点

- 字符串的创建
- 字符串的常用方法
- 可变字符串 StringBuffer

8.1　字符串的创建

Java 中的字符串通常指的是 String 类的对象。在 Java 中,创建字符串的方式有两种:一种是使用 String 类提供的构造方法,另一种是直接将字符串常量用引号引起来。

8.2　字符串的常用方法

String 类提供了很多方法对字符串进行操作,以下介绍一些常用的方法。

1. 求字符串的长度

public int length():可获得字符串中字符的个数。例如:

```
String s= "yesterday";
int len= s.length();
```

以上程序运行后,len 的值为 9。需要注意的是,因为 Java 中每个字符都是占用 16 位的 Unicode 字符,所以汉字与英文或其他符号相同,也只用一个字符表示。如果把上面程序中的"yesterday"改成"昨天",则 len 的值为 2。

2. 字符串的连接

Public String concat(String str):将参数 str 的字符串追加到原字符串末尾,构成一个新的字符串。如果参数 str 中字符串为空,则仍然是原来的字符串。例如:

```
String s= "hello";
s.concat(" world"):
```

则 s 的内容为"hello world"。

另外,可以直接利用运算符"+"对两个字符串进行连接。例如:

```
String s= "hello";
s= s+ " world";
```

则 s 的内容仍为:hello world。

例 8-1　字符串的定义

```
public class example8-1 {
public static void main(String[] args) {
    char c[]= {'h','e','l','l','o',',','w','o','r','l','d'};
    byte b[]= {(byte)'h',(byte)'a',(byte)'p',(byte)'p',(byte)'y'};
    StringBuffer str= new StringBuffer("good");
    String s1;
    s1= "happy new year!";
    String s2= new String();
    String s3= new String("I'm OK!");
    String s4= new String(str);
    String s5= new String(c);
    String s6= new String(c,6,5);
    String s7= new String(b);
    System.out.println("s1= "+ s1);
    System.out.println("s2= "+ s2);
    System.out.println("s3= "+ s3);
    System.out.println("s4= "+ s4);
    System.out.println("s5= "+ s5);
    System.out.println("s6= "+ s6);
    System.out.println("s7= "+ s7);
    }
}
```

运行结果如图 8-1 所示：

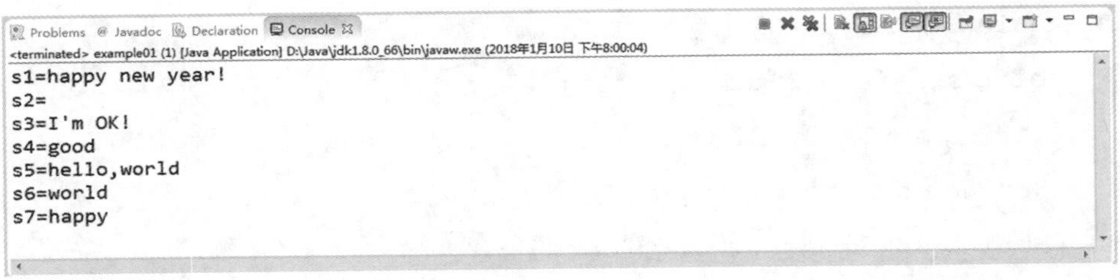

```
Problems @ Javadoc Declaration  Console
<terminated> example01 (1) [Java Application] D:\Java\jdk1.8.0_66\bin\javaw.exe (2018年1月10日 下午8:00:04)
s1=happy new year!
s2=
s3=I'm OK!
s4=good
s5=hello,world
s6=world
s7=happy
```

图 8-1

3. 字符串的比较

Java 中字符串的比较与基本数据类型不同，例如 a=5，b=5，如果用关系运算符"=="比较 a 和 b 是否相等，则毫无疑问地回答：表达式"a==b"的值为 true。而如果有两个 String 类型的字符串 s1="str"，s2=new String("str")，用表达式判断"s1==s2"的值是否为 true，回答就不一定了。因为 Java 中的字符串变量存放的不是字符串的内容，而是字符串的地址，当用关系运算符"=="判断两个字符串是否相等时，它不仅要两个字符串的内容相同，而且要两个字符串的地址也相同，结果才为 true。所以，当对字符串的内容进行比较时，可以采用字符串类中相应的方法。

可以采用以下方法判断两个字符串的内容是否相同：

（1）public Boolean equals(Object anObject)。参数 anObject 可以是任意 Object 类的对象，用于和原字符串比较。它采用字典式比较方法，即比较每个字符串中代表各个字符的整型 Unicode 值。如果两个对象所存储的字符串完全相同，则该方法返回 true，否则，返回 false。例如，"tom". equals("Tom")的值为 false。

（2）public Boolean equalsIgnoreCase(String str)。参数 str 可以是 String 类的任意字符串，用于和原字符串比较是否相同。与以上方法不同的是，它忽略大小写，即认为 A~Z 和 a~z 是一样的。例如，"tom". equalsIgnoreCase("Tom")的值为 true。

通常，仅判断两个字符串是否相同还不够，如在排序中，需要判断一个字符串是否大于、等于或小于另一个字符串。因此，可以使用以下方法对字符串的内容进行大小的比较：

（1）public intcompareTo(String anotherString)。该方法采用字典式比较，即将目标字符串与原字符串按照字符串序列（按照字符单值进行排序，例如"aa"比"ab"小，因为'a'和'a'相等，需要比较第二个字符：'a'比'b'小，所以"aa"比"ab"小）进行比较，如果相等，则返回 0；如果原字符串较大，则返回一个正整数；如果目标字符串较大，则返回一个负整数。例如，"tom". compareTo("Tom")的返回值是负数。

（2）public intcompareToIgnoreCase(String str)。该方法同上述方法类似，唯一不同的是，它是忽略大小写的，即如果用 compareToIgnoreCase 比较"aa"和"AA"是否相等，则结果为真，即"tom". compareToIgnoreCase("Tom")的返回值为 0。

例 8-2　字符串的比较

```
public class example8_2 {
    public static void main(String[] args) {
        String str1= "good";
        String str2= new String("Good");
        String str3= new String("good");
        System.out.println("字符串 str1'good'= = 字符串 str3'good'的值:"+
(str1= = str3));
        System.out.println("对象 str1(good) equals 对象 str3(good)的值:"+
str1.equals(str3));
        System.out.println("'good' equalsIgnoreCase 'Good':"+ str1.
equalsIgnoreCase(str2));
        System.out.println("'good' compareTo 'good':"+ str1.compareTo
(str3));
        System.out.print("'good' compareToIgnoreCase 'Good':");
        System.out.print(str1.compareToIgnoreCase(str2));
    }
}
```

运行结果如图 8-2 所示。

```
Problems  Javadoc  Declaration  Console
<terminated> example02 (1) [Java Application] D:\Java\jdk1.8.0_66\bin\javaw.exe (2018年1月9日 下午8:46:38)
字符串str1'good'==字符串str3'good'的值: false
对象str1(good) equals 对象str3(good)的值: true
'good' equalsIgnoreCase 'Good':true
'good' compareTo 'good':0
'good' compareToIgnoreCase 'Good':0
```

图 8-2

4. 字符串的修改

因为字符串(String)对象是不可改变的,每当想修改一个字符串时,必须将其修改成 StringBuffer 类的对象,或使用如下的方法:

(1) 求子串。public String substring(intbeginIndex):参数 beginIndex 表示子串开始的下标。这种形式返回一个从 beginIndex 开始到调用字符串结束的子字符串的拷贝。

public String substring(intbeginIndex, intendIndex):参数 beginIndex 表示子串开始下标,endIndex 表示子串结束下标。返回的字符串包括从开始下标到结束下标中的所有字符,但不包括结束下标对应的字符。例如:

```
String str1= "Goodmorning!";
String str2= str1.substring(4);
String str3= str1.substring(0,4);
```

则 str2 的内容为:morning!,str3 的内容为:Good。

(2) 替换某字符。public String replace(char oldChar, char newChar):由参数 oldChar 指定的字符被由参数 newChar 指定的字符所替换,返回得到的字符串。即将一个新的字符 newChar 替换字符串中所有的旧字符 oldChar。例如:

```
String str4= "Geedmering";
String str5= str4.replace('e','o');
```

则 str5 的内容为:Goodmoring。

(3) 删除首尾空格。public String trim():返回一个调用字符串的拷贝。该字符串将位于调用字符串前后的所有空格删除。例如:

```
String str6= " Good morning ".trim();
```

此时,str6 的内容是"Good morning"字符串。

8.3　可变字符串 StringBuffer

我们可以使用 StringBuffer 表示可变长和可写的字符序列。它可以追加字符或字符串,也可以自动根据添加的字符增加空间。

1. StringBuffer 构造方法

①public StringBuffer():预留了 16 个字符的空间。该空间无需再分配。

②public StringBuffer(int length):接收一个整型参数,用来设置缓冲区的大小。

③public StringBuffer(String str):接收一个字符串参数,将它设置为 StringBuffer 对象的初始内容。

2. StringBuffer 常用方法

①public int length():得到当前 StringBuffer 的长度。

②public int capacity():得到总的分配容量。

③public StringBuffer append(String str):参数 str 表示要追加的字符串。该方法将字符串连接到调用 StringBuffer 对象的后面。

④public StringBuffer append(int i):参数 i 表示要追加的基本整型数据。该方法将任意基本数据类型的数据连接到调用 StringBuffer 对象的后面。

⑤public StringBuffer insert(intindex,Stringstr)：参数 index 表示插入字符串的位置，参数 str 表示要插入的字符串。该方法将字符串 str 插入到下标为 index 的位置。

⑥public StringBuffer insert(intindex,charch)：参数 index 的含义与上述方法相同,参数 ch 表示要插入的字符。该方法将基本数据类型 char 类型的参数 ch 插入到调用 String-Buffer 对象的下标为 index 的位置。

⑦public StringBufferdelete(intstart,int end)：参数 start 表示删除的第一个字符的位置,参数 end 表示删除的最后一个字符的下一个字符的位置。该方法将删除从 start 到 end-1 所构成的字符串,返回结果的 StringBuffer 对象。

例 8-3　字符串 StringBuffer 的使用

```java
public class example8_3 {
public static void main(String[] args) {
    StringBufferstr= newStringBuffer();
    System.out.println("str 的长度:"+ str.length());
    System.out.println("str 的容量:"+ str.capacity());
    str.append("helloJavaaabc");
    System.out.println("追加字符后,str 的长度是:"+ str.length());
    System.out.println("str 的容量:"+ str.capacity());
    str.insert(5,",");
    str.delete(str.length()- 3,str.length());
    System.out.println("str1 的值:"+ str);
    }
}
```

运行结果如图 8-3 所示。

Problems @ Javadoc Declaration Console
<terminated> example04 (1) [Java Application] D:\Java\jdk1.8.0_66\bin\javaw.exe (2018年1月10日 下午8:23:47)
str的长度: 0
str的容量: 16
追加字符后, str的长度是: 12
str的容量: 16
str1的值: hello,java

图 8-3

 本章小结

在 Java 中,将字符串用类的对象来实现,使用字符串要熟练掌握字符串的处理函数。通过本章的学习,可以使学生熟练掌握字符串的使用方法。

习题

一、判断题

1. 在 Java 中可以使用"String"或"StringBuffer"类对字符串进行操作(   )。

2. 使用"+"可以实现两个字符串的连接(   )。

二、选择题

1. 字符串类中,返回字符串长度的方法是(   )。

    A. width()   B. size()   C. long()   D. length()

2. 若有字符串 str="hello,world",那么 str.indexOf("or")的值为(   )。

    A. 5   B. 6   C. 7   D. 8

3. 下列关于字符串的描叙中错误的是(   )(选择两项)

    A. 字符串是对象

    B. String 对象存储字符串的效率比 StringBuffer 高

    C. 可以使用 StringBuffer sb="这里是字符串"声明并初始化 StringBuffer 对象 sb

    D. String 类提供了许多用来操作字符串的方法:连接,提取,查询等

三、程序题

    编写一个程序,将下面的一段文本中的各个单词的字母顺序翻转,"To be or not to be",将变成"oT eb ro ton ot eb."。

第 9 章　Java 与面向对象

本章重点

- 面向对象的概念
- 类与对象
- 构造方法
- This 和 static 关键字
- 内部类

Java 是一种面向对象的程序设计语言，了解面向对象的编程思想对于学习 Java 开发非常重要。本章将为大家详细讲解如何使用面向对象的思想开发 Java 应用程序。

9.1　面向对象概念

面向对象是一种符合人类思维习惯的编程思想。现实生活中存在各种形态不同的事物，这些事物之间存在着各种各样的联系。面向对象程序的基本单元是类和对象，类是一组有共同性质的对象集合，而对象是类的具体实例。在程序中使用对象来映射现实中的事物，使用对象的关系来描述事物之间的联系，这种思想就是面向对象。

早期的计算机编程是基于面向过程的方法，例如实现算术运算 $1+1+2=4$，通过设计一个算法就可以解决当时的问题。随着计算机技术的不断提高，计算机被用于解决越来越复杂的问题。一切事物皆对象，通过面向对象的方式，将现实世界的事物抽象成对象，现实世界中的关系抽象成类、继承，帮助人们实现对现实世界的抽象与数字建模。通过面向对象的方法，更利于用人理解的方式对复杂系统进行分析、设计与编程。面向对象的特点主要可以概括为封装性、继承性和多态性，接下来简单介绍这三种特性。

1. 封装性

封装性就是把对象的属性和方法包装成对外相对独立而完整的单元，隐藏内部细节，只提供必要的接口与外界交互。例如：用户使用电话，只需要直接通话就可以了，无需知道电话机内部是如何工作的。

2.继承性

继承性主要描述的是类与类之间的关系。通过继承可以有效地增强程序的可扩充性和可维护性。例如：汽车类描述了汽车的普通特性和功能，而轿车类不仅包含这些普通特性和功能，还可以增加轿车特有的功能，大大提高开发效率。

3.多态性

多态性指的是程序中的同名现象。同一个属性和方法在不同的类中具有不同的语义。例如：听到"cut"，演员停止演戏，而理发师开始剪发。不同的对象所表现的行为是不一样的。

9.2　类和对象

面向对象的思想中，希望程序能够模拟现实世界的各种事物，并描述事物之间的关系。所以，类和对象就是面向对象思想中最基础的概念。其中，类是对某一类事物的抽象概括，而对象用于表示该类事物的单个个体。类和对象的关系如图 9-1 所示。

图 9-1　类与对象

在图 9-1 中，可以看出类和对象的关系。将每个玩具看作对象，而这些玩具的共同点是由同一个模型制造，因此玩具模型就是这些玩具对象所属的类。玩具对象是客观存在的，而模板是抽象的集合概念。

9.2.1　类的定义

将一系列特征相似的对象中的共同属性和方法抽象出来，用一段特殊的代码来进行描述,这段特殊的代码我们就称之为一个类。类使用 class 关键字来进行定义,后面跟上类的名称。类中定义的数据称为成员变量或域变量,处理这些数据的方法称为成员方法。例如描述学生的类可以定义表示姓名、年龄、家庭住址等数据,也可以定义学习、休息等方法。语法格式如下:

```
class 类名
{
    数据类型 1 变量名 1;
    数据类型 2 变量名 2;
    ...
    方法 1(){}
    方法 2(){}
    ...
}
```

如下例所示:

例 9-1

```
class Person
{
    String name;
    int age;
    void speak()
  {
System.out.println("大家好!,我叫"+ name+ ",我今年"+ age+ "岁!");
  }
}
```

例 9-1 中定义了一个类,Person 是类名,name 和 age 是成员变量,speak()是成员方法,在成员方法中可以直接访问成员变量。

注意:

定义在类中的变量称为成员变量,也叫全局变量。定义在方法中的变量被称为局部变量。某一个方法中的局部变量如果与成员变量同名,是允许的,方法内部访问的是局部变量。如下所示:

```
class Person01
{
String name;
int age= 10;       //类中定义的是成员变量
```

```
void speak()
{
    int age= 20;     //方法内部定义的是局部变量
    System.out.println("大家好!,我叫"+ name+",我今年"+ age+"岁!");
    }

}
```

9.2.2 对象的创建与使用

类可以看作是创建对象的模板,创建对象也叫类的实例化。Java 在定义类时,只是通知编译器需要准备多大的内存空间,并没有为它分配内存空间。只有用类创建了对象后,才会真正占用内存空间。在 Java 中可以使用 new 关键字来创建对象,具体语法格式如下:

类名对象名= new 类名();

例如,创建 Person 类的实例代码:

Person p1= new Person();

以上代码中,p1 是一个 Person 类型的变量,new Person()用于创建 Person 类的实例。变量 p 实际上指向 Person 对象在内存中的地址。为了便于描述,通常将变量 p 引用的对象简称为 p 对象。

创建 p 对象后,可以通过对象引用访问对象成员。具体语法格式如下:

对象引用.对象成员;

下面通过一个示例学习如何访问对象成员。

例 9-2

```
public class ExceptionDemo01{
public static void main(String args[])
  {
    Person p1= new Person();
    Person p2= new Person();
    p1.name="张三";
    p1.age= 18;
    p1.speak();
    p2.speak();
  }

}
```

运行结果如图 9-2 所示。

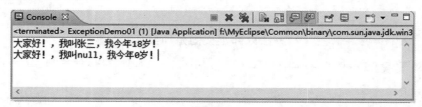

图 9-2

例 9-2 中,p1,p2 分别引用了 Person 类的两个实例对象,从运行结果可以看出,p1 和 p2 两个对象打印出的 age 值不相同。这是因为在创建对象时,不同的对象在内存中是不同的个体,分别拥有自己独立的属性。对 p1 对象的 age 赋值并不会影响 p2 对象的 age 属性值。

另外,在赋值时,p2 对象的 age 本来应该为空值。但从运行结果可以看出其值为 0。这是因为在实例化对象时,JVM 会自动根据不同的数据类型为成员变量赋初值,如下表所示:

表 9-1　成员变量的初始值

成员变量数据类型	初始值	成员变量数据类型	初始值
byte	0	double	0.0D
short	0	char	空字符,'\u0000'
int	0	boolean	false
long	0L	引用数据类型	null
float	0.0F		

9.2.3　类的设计

Java 语言中,程序设计是要模拟现实世界,帮助解决现实世界中的问题。类是一个抽象的概念模型,而对象是具体的事物。从类的来源分析,类是具有相同属性和共同方法的所有对象的统称。类和对象的示例如表 9-2 所示。

表 9-2　类与对象的示例

类	对象	
人	1.计算机与 AI 之父阿兰图灵	2.现代计算机奠基人冯诺依曼
动物	1.动物园中的一头狮子	2.小区楼下的一只猫
汽车	1.停在车站的一辆公交车	2.路上的一辆宝马轿车

类是对象的模板,对象是类的一个实例。在程序设计时,首先要进行类的设计。比如要描述一个学校的学生信息,就要先设计一个学生类 Student。在这个类中定义两个基本属性 name 和 age,再定义一个方法 introduce(),表示自我介绍。根据上述描述设计一个类,如例 9-3 所示。

例 9-3

```
public class Student
{
String name;
int age;
void introduct()
{
  //方法中打印属性 name 和 age 的值
    System.out.println("大家好！我叫"+ name+ ",我今年"+ age+ "岁！");
  }
}
```

注意：

类的设计中,不包含创建对象与 main 函数,因此这段代码不能执行。要测试类的设计的结果,需要添加 main 函数与创建对象的代码,才能执行方法。

9.2.4　类的封装

针对例 9-3 中设计的 Student 类,可以创建其对象,并访问对象成员。如下例所示。

例 9-4

```
public class ExceptionDemo02{
public static void main(String args[])
  {
    Student s1= new Student();        //创建学生对象
    s1.name="李雷";                   //给 name 属性赋值
    s1.age= 180;                      //给 age 属性赋值
    s1.introduct();                   //调用成员方法
  }
}
```

运行结果如图 9-3 所示。

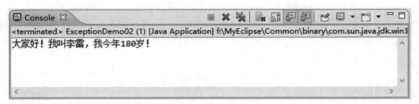

图 9-3

在上例中,通过直接赋值的方式将年龄赋值为 180,这在现实生活中是不合理的。而且这种直接访问类成员属性的方式也很不妥当,在实际情况中,我们通常需要对类成员变量的访问作出一些限定,为了保护数据,不允许外界随意访问。这就需要实现类的封装。

封装从字面上来理解就是包装的意思,专业来说就是信息隐藏,是指利用抽象数据类型将数据和基于数据的操作封装在一起,使其构成一个不可分割的独立实体,数据被保护在抽象数据类型的内部,尽可能地隐藏内部的细节,只保留一些对外接口使之与外部发生联系。系统的其他对象只能通过包裹在数据外面的已经授权的操作来与这个封装的对象进行交流和交互。也就是说用户是无需知道对象内部的细节(当然也无从知道),但可以通过该对象对外提供的接口来访问该对象。

对于封装而言,一个对象它所封装的是自己的属性和方法,所以它是不需要依赖其他对象就可以完成自己的操作。

使用封装有四大好处:

①良好的封装能够减少耦合。

②类内部的结构可以自由修改。

③可以对成员进行更精确的控制。

④隐藏信息,实现细节。

具体实现中,我们一般先将类中的属性私有化,使它只能在类的内部被访问。对外提供一些公有方法,包括用于设置属性的 setXxx() 方法和获取属性值的 getXxx() 方法。详细过程如下。

例 9-5

```java
class Student
{
    private String name;      //将 name 属性设为私有
    private int age;        //将 age 属性设为私有
//以下是公有的 getXxx() 和 setXxx() 方法
    public String getName()
    {
      return name;
    }
    public void setName(String name)
    {
      this.name= name;
    }
public int getAge()
    {
```

```
        return age;
    }
  public void setAge(int age)
    {
        //检查参数
        if(age<0||age>100)
          {
            System.out.println("年龄超出范围!");
          }else{
            this.age= age;
          }
    }
    public void introduct()
    {
    //方法中打印属性 name 和 age 的值
System.out.println("大家好!,我叫"+ name+ ",我今年"+ age+ "岁!");
    }
}
public class ExceptionDemo03{
  public static void main(String args[])
  {
    Student s1= new Student();      //创建学生对象
    s1.setAge(180);
    s1.setName("李雷");
    s1.introduct();       //调用成员方法
  }
}
```

运行结果如图 9-4 所示。

图 9-4

在示例 9-5 中,使用了 private 关键字实现了属性的私有化。Java 中提供了四种不同的

限定词,访问权限由大到小依次为:

(1)public(公共的)。

可以被所有的类访问。

(2)protected(受保护的)。

可以被这个类本身访问。

可以被它的子类(同一个包以及不同包的子类)访问。

可以被同一个包中所有其他的类访问。

(3)默认的、友好的。

被这个类的本身访问。

被同一个包中的类访问。

(4)private(私有的)。

只能被这个类本身访问。

如果一个类的构造方法声明为 private,则其他类不能生成该类的实例。

下面的表说明了四个限定词的具体权限。

表 9-3　Java 中的限定词

	public	protected	默认	private
同一类中可见	是	是	是	是
同一包中对子类可见	是	是	是	
同一包中对非子类可见	是	是	是	
不同包中对子类可见	是	是		
不同包中对非子类可见	是			

例 9-5 中,我们还切断了外部直接调用到 name,age 的可能,通过 set 和 get 方法来提供访问到 name,age 的途径,这就实现了类的基本封装。

9.3　构造方法

在之前的示例中,我们都是先实例化对象,再通过封装方法赋初值。如果想在创建对象的同时就给对象赋初值,可以通过构造方法来实现。构造方法是一种特殊的方法,它不被显式调用,会在创建对象时自动被调用。

9.3.1　构造方法的定义

构造方法有如下特点:

①构造方法的方法名必须与类名一样。

②构造方法没有返回类型，也不能定义为 void，在方法名前面不声明方法类型。

③构造方法不能由编程人员调用，而要系统调用。

④构造方法可以重载，以参数的个数，类型，或排序顺序区分。如例9-6所示。

例 9-6

```
class Person //人类
{
    public Person() //构造方法
    {
        System.out.println("执行无参的构造方法");
    }
}
    public class ExceptionDemo04{
    public static void main(String args[])
    {
        Person p1= new Person(); //创建人类对象,调用构造方法
    }
}
```

运行结果如图9-5所示。

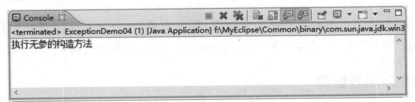

图 9-5

该例中定义了一个无参的构造方法。它在创建人类对象时被自动调用。"new Person()"语句的作用就是调用构造方法创建实例对象。

除了无参构造方法，用的更多的是通过有参数的构造方法实现对象赋值。接下来改写示例9-6。改写后的代码如下所示。

例 9-7

```
class Person //人类
{
    public Person(String n,int a) //构造方法
    {
```

```
        name= n; age= a;
    }
  public String name;
  public int age;
}
public class ExceptionDemo05
{
  public staticvoid main(String[] args)
  {
    Person p= new Person("张三",14); //这就是作用
    System.out.println("姓名:"+ p.name+ " 年龄:"+ p.age);
  }
}
```

运行结果如图 9-6 所示。

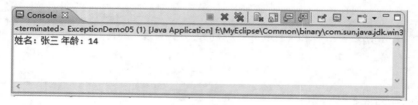

图 9-6

本示例中，构造方法包括 n 和 a 两个参数，创建对象时，在实例化对象同时调用构造方法并传入参数"张三"和 14，再通过构造方法中的赋值语句将具体值传给对象属性。

9.3.2 构造方法的重载

方法重载指的是方法同名。是多态的一种体现，构造方法的重载指的是：构造方法具有相同的名字，而参数的个数或参数类型不相同。创建对象时通过传入的参数不同构造不同的对象。如下例所示：

例 9-8

```
class Student{
  private String name;
  private int age;
  public Student(){
    System.out.println("这是无参构造方法");
  }
    //构造方法的重载格式
```

```java
public Student(String name){
    System.out.println("这是带一个 String 类型的构造方法");
    this.name= name;
}
public Student(int age){
    System.out.println("这是带一个 int 类型的构造方法");
    this.age= age;
}
public Student(String name,int age){
    System.out.println("这是带多个参数类型的构造方法");
    this.name= name;
    this.age= age;
}
public void show(){
    System.out.println(name+ "——"+ age);
}
}
public class ExceptionDemo06{
    public static void main(String[] args){
        //创建对象
        Student stu= new Student();
        stu.show();
        System.out.println("- - - - - - - - - - - - - - - - - - - -");
    //创建对象 2
        Student stu2= new Student("小明");
        stu2.show();
        System.out.println("- - - - - - - - - - - - - - - - - - - -");
    //创建对象 3
        Student stu3= new Student(20);
        stu3.show();
        System.out.println("- - - - - - - - - - - - - - - - - - - -");
    //创建对象 4
        Student stu4= new Student("小明",20);
        stu4.show();
    }
}
```

运行结果如图 9-7 所示。

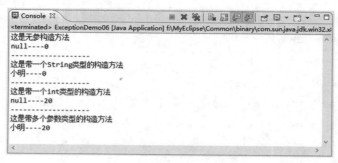

图 9-7

该例中，Student 类中定义了四个构造方法，它们构成了重载。接下来创建了四个对象，根据传入参数不同，分别调用四个不同的构造方法，从而获得了四个属性不同的对象。

注意：

方法定义中的方法名以及形式参数的数量、类型和排列顺序合在一起称为方法的签名。例如，上面类 Student 的第四个构造方法签名为：Student(String,int)

9.4 this 关键字

this 关键字主要有三个应用：

①this 调用本类中的属性，也就是类中的成员变量。

②this 调用本类中的其他方法。

③this 调用本类中的其他构造方法，调用时要放在构造方法的首行。

应用一：引用成员变量

例如下面这段代码：

```java
public class Student {
String name; //定义一个成员变量 name
  private void setName(String name) { //定义一个参数(局部变量)name
  this.name= name; //将局部变量的值传递给成员变量
  }
}
```

这段代码中，有一个成员变量 name，同时在方法中有一个形式参数，名字也是 name，然后在方法中将形式参数 name 的值传递给成员变量 name，二者同名的情况下，Java 编译器为了区分参数和属性，就需要使用 this 这个关键字。this 代表的就是对象中的成员变量或者方法。也就是说,如果在某个变量前面加上一个 this 关键字,其指的就是这个对象的成员变量或者方法,而不是指成员方法的形式参数或者局部变量。为此在上例中,代码 this. name ＝name 就是将形式参数的值传递给成员变量。

应用二：调用类的构造方法

```
public class Student { //定义一个类,类的名字为 student。
    public Student() { //定义一个方法,名字与类相同故为构造方法
        this("Hello!");
    }
        public Student(String name) { //定义一个带形式参数的构造方法
        }
}
```

this 关键字除了可以调用成员变量之外,还可以调用构造方法。在第一个没有带参数的构造方法中,使用了 this("Hello!")这句代码,这句代码表示的是调用有参构造方法,我们可以看到 this 关键字后面加上了一个实际参数,那么就表示其引用的是 Student(String name)。从该示例中可以看出,this 关键字不仅可以用来引用成员变量,而且还可以用来引用构造方法。

注意：

如果要使用这种方式来调用构造方法的话,有一个语法上的限制：利用 this 关键字来调用构造方法,只能在无参数构造方法中第一句使用 this 调用有参数的构造方法。否则编译会报错。

应用三：返回对象的值

this 关键字除了可以引用变量或者成员方法之外,还有一个重大的作用就是返回类的引用。如在代码中,可以使用 return this,来返回某个类的引用。此时这个 this 关键字就代表类的名称。如代码在上面 student 类中,那么代码代表的含义就是 return student。可见,这个 this 关键字除了可以引用变量或者成员方法之外,还可以作为类的返回值,这才是 this 关键字最引人注意的地方。

9.5　static 关键字

static 表示"全局"或者"静态"的意思,用来修饰成员变量和成员方法,也可以形成静态 static 代码块。被 static 修饰的成员变量和成员方法独立于该类的任何对象。也就是说,它不依赖类特定的实例,被类的所有实例共享。

static 修饰的成员变量和成员方法习惯上称为静态变量和静态方法，可以直接通过类名来访问，访问语法为：

类名.静态方法名(参数列表...)
类名.静态变量名

用 static 修饰的代码块表示静态代码块，当 Java 虚拟机(JVM)加载类时，就会执行该代码块。例如 main 方法。

9.5.1　静态变量

static 变量也称作静态变量，静态变量和非静态变量的区别是：静态变量被所有的对象所共享，在内存中只有一个副本，它当且仅当在类初次加载时会被初始化。而非静态变量是对象所拥有的，在创建对象的时候被初始化，存在多个副本，各个对象拥有的副本互不影响。

static 成员变量的初始化顺序按照定义的顺序进行初始化。

下面通过一个例子比较非静态变量和静态变量的区别：

例 9-9

```java
public class Person {
    String name;
    int age;
    public String toString() {
        return "姓名:" + name + ", 年龄:" + age;
    }
    public static void main(String[] args) {
        Person p1= new Person();
        p1.name= "zhangsan";
        p1.age= 10;
        Person p2= new Person();
        p2.name= "lisi";
        p2.age= 12;
        System.out.println(p1);
        System.out.println(p2);
    }
}
```

运行结果如图 9-8 所示。

图 9-8

上面的代码我们很熟悉,根据 Person 构造出的每一个对象都是独立存在的,保存有自己独立的成员变量,相互不会影响,它们在内存中的示意如下:

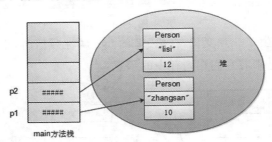

图 9-9　非静态变量

从上图中可以看出,p1 和 p2 两个变量引用的对象分别存储在内存中堆区域的不同地址中,所以他们之间相互不会干扰。

下面对代码作出修改。我们将 Person 的 age 属性用 static 进行修饰,结果会是什么样呢?请看下面的例子:

例 9-10

```
public class Person {
    String name;
static int age;
    public String toString() {
      return "姓名:" + name + ",年龄:" + age;
    }
    public static void main(String[] args) {
      Person p1= new Person();
      p1.name= "zhangsan";
      p1.age= 10;
      Person p2= new Person();
      p2.name= "lisi";
      p2.age= 12;
      System.out.println(p1);
```

```
        System.out.println(p2);
    }

}
```

运行结果如图 9-10 所示。

图 9-10

我们发现,结果发生了一点变化,在给 p2 的 age 属性赋值时,干扰了 p1 的 age 属性,这是为什么呢? 我们还是来看它们在内存中的示意:

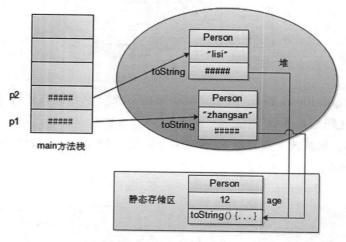

图 9-11　静态变量

我们发现,给 age 属性加了 static 关键字之后,Person 对象就不再拥有 age 属性了,age 属性会统一交给 Person 类去管理,即多个 Person 对象只会对应一个 age 属性,一个对象如果对 age 属性做了改变,其他的对象都会受到影响。

注意:
static 关键字只能修饰成员变量,而不能修饰方法中的局部变量,否则编译会报错。

9.5.2　静态方法

static 方法一般称作静态方法,静态方法可以直接通过类名调用,任何的实例也都可以调用,因此静态方法中不能用 this 和 super 关键字,不能直接访问所属类的实例变量和实例方法(就是不带 static 的成员变量和成员成员方法),只能访问所属类的静态成员变量和成员方法。static 修饰成员方法最大的作用,就是可以使用"类名.方法名"的方式操作方法,避免了先要 new 出对象的繁琐和资源消耗。请看下面的例子。

例 9-11

```
public class Student{
    public static void print(String name){
        System.out.println("该生就读于"+ name);
    }
    public static void main(String[] args) {
Student.print("长江工程职业技术学院");
    }
}
```

运行结果如图 9-12 所示。

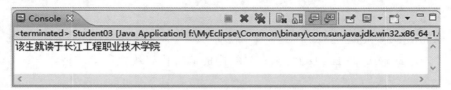

图 9-12

本例中，用 static 修饰的方法成为类的方法，使用时通过"类名.方法名"的方式就可以方便的使用了，相当于定义了一个全局的函数（只要导入该类所在的包即可）。

注意：
在一个静态方法中只能访问用 static 修饰的成员，因为非静态成员需要先创建对象才能访问，而静态方法在被调用时可以不创建任何对象。

9.5.3　静态代码块

static 代码块也叫静态代码块，是在类中独立于类成员的 static 语句块，可以有多个，位置可以随便放，它不在任何的方法体内，JVM 加载类时会执行这些静态的代码块，如果 static 代码块有多个，JVM 将按照它们在类中出现的先后顺序依次执行它们，每个代码块只会被执行一次，所以说 static 块可以用来优化程序性能。

static 方法块和 static 方法的区别：
①静态代码块是自动执行的。
②静态方法是被调用的时候才执行的。

例 9-12

```
public class ExceptionDemo07{
//静态代码块
```

```
    static {
        System.out.println("测试类的静态代码块执行了。");
    }
public static void main(String args[])
    {
        Person p1= new Person();
        Person p2= new Person();
    }
}
class Person{
    static String country;
    static{
    country= "china";
    System.out.println("Person 类中的静态代码块执行了。");
}
}
```

运行结果如图 9-13 所示。

图 9-13

这样的程序在类被加载的时候就执行了 static 中的代码。

 本章小结

本章详细介绍了面向对象的基础知识。首先介绍了什么是面向对象，然后介绍了类与对象的概念，二者之间的关系，类的封装及使用；其次介绍了构造方法的定义与重载，最后介绍了 this 与 static 关键字的使用，熟练掌握这些知识，有助于大家深入理解面向对象，并为下一章知识学习打好基础。

 习题

一、选择题

1. 下列构造方法的调用方式中，正确的是（　　）。

　A. 按照一般方法调用　　　　　　　　B. 由用户直接调用

　C. 只能通过 new 自动调用　　　　　　D. 被系统调用

2. 下列哪个修饰符可以使在一个类中定义的成员变量只能被同一包中的类访问（　　　）？

    A. private
                    B. 无修饰符

    C. public
                     D. protected

3. 为 AB 类的一个无形式参数无返回值的方法 method 书写方法头，使得使用类名 AB 作为前缀就可以调用它，该方法头的形式为（　　　）。

    A. static void method
            B. public void method

    C. final void method
             D. abstract void method

4. 不使用 static 修饰符限定的方法称为对象（或实例）方法，下列哪一个说法是正确的（　　　）？

    A. 实例方法可以直接调用父类的实例方法

    B. 实例方法可以直接调用父类的类方法

    C. 实例方法可以直接调用其他类的实例方法

    D. 实例方法可以直接调用本类的实例方法

5. 设有下面的一个类定义：

    class AA {static void Show( ){ System. out. println(“我喜欢 Java!”); } }

    class BB { void Show( ){ System. out. println(“我喜欢 C++!”); } }

    若已经使用 AA 类创建对象 a 和 BB 类创建对象 b，则下面（　　　）方法调用是正确的

    A. a. Show( );b. Show( );
         B. AA. Show( );BB. Show( );

    C. AA. Show( );b. Show( );
         D. a. Show( );BB. Show( );

6. 对于构造函数，下列叙述不正确的是（　　　）。

    A. 构造函数也允许重载

    B. 子类无条件地继承父类的无参构造函数

    C. 子类不允许调用父类的构造函数

    D. 在同一个类中定义的重载构造函数可以相互调用

7. 下面关于 Java 中类的说法哪个是不正确的（　　　）。

    A. 类体中只能有变量定义和成员方法的定义，不能有其他语句

    B. 构造方法是类中的特殊方法

    C. 类一定要声明为 public 的，才可以执行

    D. 一个 Java 文件中可以有多个 class 定义

8. 下列哪个类声明是正确的（　　　）。

    A. public void H1{…}
         B. public class Move(){…}

    C. public class void number{}
       D. public class Car{…}

9. 下面对构造方法的描述不正确是（　　　）。

    A. 系统提供默认的构造方法
        B. 构造方法可以有参数，所以也可以有返回值

    C. 构造方法可以重载
             D. 构造方法可以设置参数

10. 下列类头定义中,错误的是(　　)。

    A. public x extends y {...}

    B. public class x extends y {...}

    C. class x extends y implements y1 {...}

    D. class x {...}

二、编程题

1. 写出一个类 People,并由该类做基类派生出子类 Employee 和 Teacher。其中 People 类具有 name、age 两个保护成员变量,分别为 String 类型、整型,且具有公有的 getAge 成员函数,用于返回 age 变量的值。Employee 类具有保护成员变量 empno,Teacher 类有 teano 和 zc 成员变量。

2. ①创建 Rectangle 类,添加属性 width、height。

    ②在 Rectangle 类中添加两种方法计算矩形的周长和面积。

    ③编程利用 Rectangle 输出一个矩形的周长和面积。

3. ①设计一个 User 类,其中包括用户名、口令等属性以及构造方法(至少重载 2 个)。获取和设置口令的方法,显示和修改用户名的方法等。编写应用程序测试 User 类。

    ②定义一个 student 类,其中包括用户名、姓名、性别、出生年月等属行以及 init()——初始化各属性、display()——显示各属性、modify()——修改姓名等方法。实现并测试这个类。

4. 项目名称:Bank Account Management System 银行账户管理系统 简称 BAM

    练习 1:(面向对象基础语法)

    写一个账户类(Account):

    属性:id:账户号码 长整数

           password:账户密码

           name:真实姓名

           personId:身份证号码 字符串类型

           email:客户的电子邮箱

           balance:账户余额

    方法:deposit:存款方法,参数是 double 型的金额。

           withdraw:取款方法,参数是 double 型的金额。

    构造方法:

    有参和无参,有参构造方法用于设置必要的属性。

    练习 2:(封装)

    将 Account 类作成完全封装,注意:要辨别每个属性的 set/get 方法是否需要公开。

    写一个主方法测试你写的类。

第 10 章　类的继承和接口

 本章重点

- 继承的概念
- super 与 this 关键字
- 接口的概念
- 实现接口
- 包的定义和使用

10.1　类的继承

在面向对象的程序设计中,为了更好地模拟现实世界,描述类与类之间的关系,引入了继承的概念。继承指的是从已有的类中派生出新的类,新的类能继承已有类的数据属性和行为,并能扩展自身新的属性和行为。

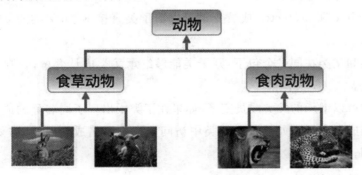

图 10-1　动物继承关系图

兔子和羊属于食草动物类,狮子和豹属于食肉动物类。食草动物和食肉动物又是属于动物类。但是两者的属性和行为上有差别,这就说明子类会具有父类的一般特性,也会具有自身的新特性。

10.1.1　创建子类

在 Java 中,类的继承指的是从一个现有类派生出一个新的类。其中现有类称为父类,新类称为子类。子类会自动拥有父类可继承的属性和方法。具体语法如下:

```
class 父类 {}
class 子类 extends 父类 {}
```

接下来通过一个示例学习子类如何继承父类。

例 10-1

```
class Person {
  public Person() {
  }
}
class Man extends Person {
  public Man()
  }
}
```

类 Man 继承于 Person 类,这样一来的话,Person 类称为父类,Man 类称为子类。如果两个类存在继承关系,则子类会自动继承父类的方法和变量,在子类中可以调用父类的方法和变量。在 Java 中只允许单继承,也就是说,一个类最多只能有一个父类。但是一个父类可以拥有多个子类。这与现实世界的规则相同。

1.子类继承父类的成员变量

当子类继承了某个类之后,便可以使用父类中的成员变量,但并不是无条件继承父类的所有成员变量。具体的原则如下:

①父类的 public 和 protected 成员变量可以被子类直接继承;父类的 private 成员变量不能被子类继承。

②如果子类和父类在同一个包下,则子类能够继承父类成员变量;否则,子类不能够继承父类成员变量。

③对于子类可以继承的父类成员变量,如果在子类中出现了同名称的成员变量,则会隐藏掉父类的同名成员变量。如果要在子类中访问父类中同名成员变量,需要使用 super 关键字来进行引用。

2.子类继承父类的方法

同样地,子类也并不是无条件继承父类的所有方法。

①父类的 public 和 protected 成员方法可以被子类直接继承;父类的 private 成员方法不能被子类继承。

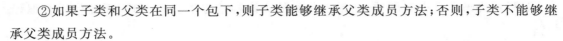

②如果子类和父类在同一个包下,则子类能够继承父类成员方法;否则,子类不能够继承父类成员方法。

③对于子类可以继承的父类成员方法,如果在子类中出现了同名称的成员方法,则称为覆盖,即子类的成员方法会覆盖掉父类的同名成员方法。如果要在子类中访问父类中同名成员方法,需要使用 super 关键字来进行引用。

注意:隐藏和覆盖是不同的。隐藏是针对成员变量和静态方法的,而覆盖是针对普通方法的。

3. 构造方法

如果父类的构造方法都是带有参数的,则必须在子类的构造方法中显式地通过 super 关键字调用父类的构造方法,并放在子类构造方法体的第一句。如果父类有无参构造方法,子类会自动调用父类的无参构造方法。如下例所示:

例 10-2

```
class Shape {
  protected String name;
  public Shape(){
    name = "shape";
  }
  public Shape(String name) {
    this.name= name;
  }
}
class Circle extends Shape {
private double radius;
  public Circle() {
    radius = 0;
  }
  public Circle(double radius) {
    this.radius= radius;
  }
  public Circle(double radius,String name) {
    this.radius= radius;
    this.name= name;
  }
}
```

这样的代码是没有问题的,如果把父类的无参构造方法去掉,则下面的代码会编译报错:

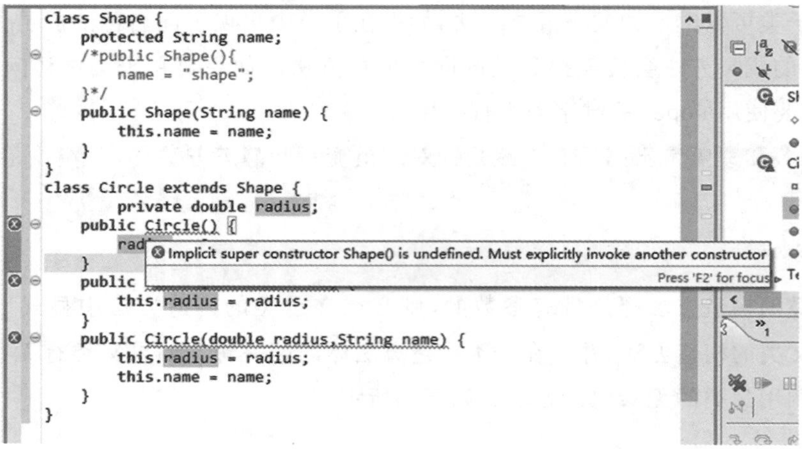

图 10-2

改成下面这样就行了:

```
class Shape {
protected String name;
  /* public Shape(){
     name= "shape";
  }* /
public Shape(String name) {
this.name= name;
  }
}
class Circle extends Shape {
privatedouble radius;
public Circle() {
  super("Shape");
    radius= 0;
  }
public Circle(double radius) {
  super("Shape");
this.radius= radius;
  }
public Circle(double radius,String name) {
```

```
    super ("Shape");
    this.radius= radius;
this.name= name;
    }
}
```

10.1.2 super 关键字的使用

super 是 Java 提供的一个关键字，它用于限定子类对象调用它从父类继承的成员变量或方法。它主要有两种用法：

- super.成员变量/super.成员方法；
- super(参数 1,参数 2....);

第一种用法主要用来在子类中调用父类的同名成员变量、方法或者构造方法，如下例所示：

例 10-3

```
class Country {
    String name;
    void value () {
      name= "中国";
    }
  }
  class City extends Country {
    String name;
    void value () {
    name= "武汉";
    super.value ();//不调用此方法时,super.name 返回的是父类的成员变量的
值 null
    System.out.println(name);
    System.out.println(super.name);
    }
  public static void main(String[] args) {
    City c= new City();
    c.value ();
    }
  }
```

运行结果如图 10-3 所示。

图 10-3

第二种主要用在子类的构造方法中显式地调用父类的构造方法,要注意的是,如果是用在子类构造方法中,则必须是方法体的第一条语句。如下例所示:

例 10-4

```java
class Base
{
    public double size;
    public String name;
    public Base(double size, String name)
    {
      this.size= size;
      this.name= name;
    }
}
public class Sub extends Base
{
    public String color;
    public Sub(double size, String name, String color)
    {
      //使用 super 调用父类构造方法
      super(size, name);
      this.color= color;
    }
    public static void main(String[] args)
    {
      Sub s= new Sub(10,"直线","黑色");
      //输出 Sub 对象的 三个实例变量
      System.out.println(s.size + ","+ s.name + ","+ s.color);
    }
}
```

运行结果如图 10-4 所示：

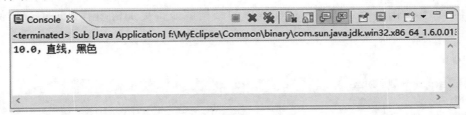

图 10-4

10.2　抽象类

10.2.1　抽象类的定义

普通类是一个完善的功能类，可以直接实例化对象，并且在普通类中可以包含有构造方法、普通方法、static 方法、常量和变量等内容。而抽象类是指在普通类的结构里面增加抽象方法。抽象类有下列几个特点：

①使用了关键词 abstract 声明的类叫作"抽象类"。

②如果一个类中没有包含足够的信息来描绘一个具体的对象，这样的类就是抽象类。

③如果一个类里包含了一个或多个抽象方法，类就必须指定成 abstract（抽象）。

我们发现在以上介绍中，出现了抽象方法这个词。那么在了解抽象类之前，我们先来了解一下抽象方法。

抽象方法是一种特殊的方法：它只有声明而没有具体的实现。也就是说，抽象方法是没有方法体的。抽象方法的声明格式为：

```
abstract void methodName ();
```

抽象方法本身由于没有方法体，所以并无意义，但它同时具有可扩展性。那么我们什么场合下需要定义抽象方法呢，这就需要进一步了解抽象类。

定义抽象类的语法如下：

```
abstract className{
    abstract void methodName();
}
```

例如，有两类图形，分别是长方形和圆形。我们要分别计算它们的面积。普通思路是：分别定义两个类，创建长方形、圆形对象，再引用计算面积的方法。但这种做法很显然两个类之间并无联系，同样是计算面积的方法也互不相同。使得程序结构不够精炼，显得冗余。

为了使图形与图形之间构建起联系,我们就可以引入抽象类的概念,创建图形类,再将以上两个具体的类作为图形类的子类。这样程序的结构就显得更加清晰有条理了。如例 10-5 所示。

例 10-5

```
abstract class Shape
{
  public abstract double getArea();
}
```

这段代码中定义了抽象的 Shape 类,并把计算面积的方法写成了抽象方法。

10.2.2 抽象类的实现

我们继续完成上面的示例。接下来从 Shape 类中派生两个子类。

例 10-6

```
class Rectang extends Shape{
    private double width;
    private double height;
    public Rectang(double width,double height){
        this.width= width;
        this.height= height;
    }
    public double getArea(){
        return width* height;
    }
}
class Circle extends Shape{
    private double r;
    public circle(double radius){
        this.r= radius;
    }
    public double getArea(){
        return Math.PI* r* r;
    }
}
```

对以上代码进行测试：

```
public class ExceptionDemo01{
  public static void main(String[] args) {
    Rectang rec= new Rectang(3,5);
    System.out.println("高为 3,宽为 5 的矩形面积为:"+ rec.getArea());
    Circle cir= new Circle(2);
    System.out.println("半径为 2 的圆形面积为:"+ cir.getArea());
  }
}
```

运行结果如图 10-5 所示。

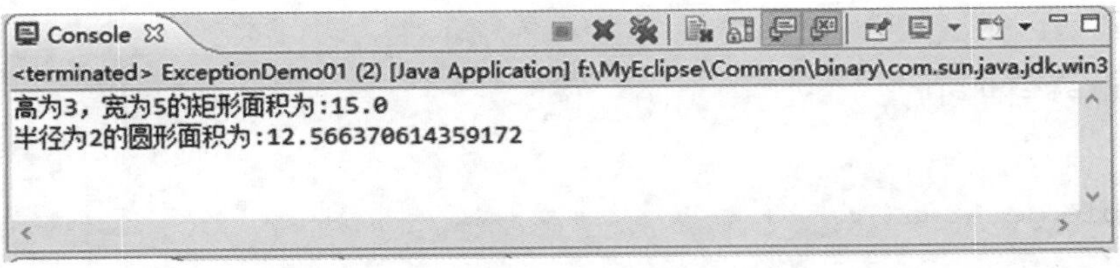

图 10-5

注意：

抽象类的使用原则如下：

抽象方法必须为 public 或者 protected(因为如果为 private,则不能被子类继承，子类便无法实现该方法)，缺省情况下默认为 public;

抽象类不能直接实例化，需要依靠子类采用向上转型的方式处理；

抽象类必须有子类，使用 extends 继承，一个子类只能继承一个抽象类；

子类(如果不是抽象类)则必须覆写抽象类之中的全部抽象方法(如果子类没有实现父类的抽象方法，则必须将子类也定义为为 abstract 类)。

10.3　接口

10.3.1　接口的定义

如果一个抽象类中只含有常量和抽象方法，则可以将这个类用另外一种方式来定义，即接口。使用 interface 来定义一个接口。接口定义类似类的定义，分为接口的声明和接口体，其中接口体由常量定义和方法定义两部分组成。定义接口的基本格式如下：

［修饰符］interface 接口名［extends 父接口名列表］{

［public］［static］［final］常量；

［public］［abstract］方法；

　　}

修饰符：可选参数 public，如果省略，则为默认的访问权限；

接口名：指定接口的名称，默认情况下，接口名必须是合法的 Java 标识符，一般情况下，要求首字母大写；

extends 父接口名列表：可选参数，指定定义的接口继承于哪个父接口。当使用 extends 关键字时，父接口名为必选参数；

方法：接口中的方法只有定义而不能有实现。如下例所示。

例 10-7

```
interface Shape
{
  double getArea();
}
```

那么定义接口与定义抽象类有什么本质上的区别呢？抽象类是对一种事物的抽象，即对类抽象，而接口是对行为的抽象。举个简单的例子，飞机和鸟是不同类的事物，但是它们都有一个共性，就是都会飞。那么在设计的时候，可以将飞机设计为一个类 Airplane，将鸟设计为一个类 Bird，但是不能将"飞行"这个特性也设计为类，因此它只是一个行为特性，并不是对一类事物的抽象描述。此时可以将"飞行"设计为一个接口 Fly，包含方法 fly()，然后 Airplane 和 Bird 分别根据自己的需要实现 Fly 这个接口。然后至于有不同种类的飞机，比如战斗机、民用飞机等直接继承 Airplane 即可，对于鸟也是类似的，不同种类的鸟直接继承 Bird 类即可。从这里可以看出，继承是一个"是不是"的关系，而接口实现则是"有没有"的关系。如果一个类继承了某个抽象类，则子类必定是抽象类包含的种类，而接口实现则是具备不具备某种功能的关系。

10.3.2　接口的实现

Java 实现接口，用 implements 关键字，语法格式如下：

［修饰符］class ＜类名＞［extends 父类名］［implements 接口列表］

　　{

　　}

修饰符：可选参数，用于指定类的访问权限，可选值为 public、abstract 和 final。

类名：必选参数，用于指定类的名称，类名必须是合法的 Java 标识符。一般情况下，要求首字母大写。

extends 父类名:可选参数,用于指定要定义的类继承于哪个父类。当使用 extends 关键字时,父类名为必选参数。

implements 接口列表:可选参数,用于指定该类实现的是哪些接口。当使用 implements 关键字时,接口列表为必选参数。当接口列表中存在多个接口名时,各个接口名之间使用逗号分隔。如下例所示。

例 10-8

```
class Circle implements Shape{
    private double r;
    public Circle(double radius){
        this.r= radius;
    }
    public double getArea(){
        return Math.PI* r* r;
    }
}
```

对以上接口进行测试:

```
public class ExceptionDemo02{
  public static void main(String[] args) {
    Circle cir= new Circle(2);
    System.out.println("半径为 2 的圆形面积为:"+ cir.getArea());
  }
}
```

运行结果如图 10-6 所示。

图 10-6

接口和接口之间也是可以实现继承关系的。注意,Java 允许一个接口继承自多个父接口,也允许一个类实现多个接口。例如:

```
interface B
{ }
interface C
{ }
interface A extends B,C
{
}
```

以及:

```
class A implement A,B,C
{
}
```

10.4 包

10.4.1 创建自定义包

包(package)是 Java 语言提供的一种区别类名字命名空间的机制,它是类的一种文件组织和管理方式、是一组功能相似或相关的类或接口的集合。Java package 提供了访问权限和命名的管理机制,它是 Java 中很基础却又非常重要的一个概念。

包的作用:

·把功能相似或相关的类或接口组织在同一个包中,方便类的查找和使用。

·如同文件夹一样,包也采用了树形目录的存储方式。同一个包中的类名字是不同的,不同的包中的类的名字是可以相同的,当同时调用两个不同包中相同类名的类时,应该加上包名加以区别。因此,包可以避免名字冲突。

·包也限定了访问权限,拥有包访问权限的类才能访问某个包中的类。

定义包的语法格式为:

```
package 包名;
```

示例 10-9

```
package cn.chapter10;
public class Helloworld
```

```
{
  public static void main(String arg[])
    {
      System.out.println("Helloworld!");
    }
}
```

运行结果如图 10-7 所示。

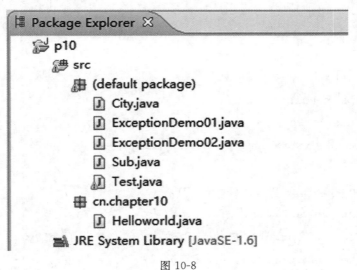

图 10-7

运行目录如图 10-8 所示。

图 10-8

10.4.2 包的引用

上一节讲到：包是一个为了方便管理组织 Java 文件的目录结构，并防止不同 Java 文件之间发生命名冲突而存在的一个 Java 特性。不同包中的类的名字可以相同，只是在使用时要带上包的名称加以区分。

在实际开发中，定义的类都是有包名的，而且还有可能包名很长。所以为了简化代码，Java 提供了 import 关键字，用来在程序中导入某个指定包下的类，这样就不用每次使用该类时都书写完整的包引用代码了。语法格式如下。

```
import 包名.类名;
```

下面通过一个示例说明包的引用：

例 10-10

```
package Mypack;
public class Point {
    public double x,y;
    public Point(double a,double b)
    {
      x= a;
      y= b;
    }
    public double distanceTo(Point p){
      return Math.sqrt((x- p.x)* (x- p.x)+ (y- p.y)* (y- p.y));
    }
}
```

第二个包：

```
package Test;
import Mypack.Point;
public class UsePoint {
    public static void main(String[] args)
    {
      Point p1= new Point(1.0,2.0);
      Point p2= new Point(2.0, 5.5);
      System.out.println("点 p1 坐标:"+ p1.x+ ","+ p1.y);
      System.out.println("点 p2 坐标:"+ p2.x+ ","+ p2.y);
      System.out.println("点 p1 到点 p2 的距离:"+ p1.distanceTo(p2));
    }
}
```

运行结果如图 10-9 所示。

图 10-9

UsePoint 类中,使用 import 语句引入了 Mypack 包,从而使用了 Point 类。

10.4.3 Java 的系统包

Java 采用包结构来组织和管理类和接口文件。下面介绍 Java 语言类库中几个常用的包,因为这几个包在软件开发与应用中经常需要用到,其中有些包是必要的。

1. Java 常用包

Java.lang——语言包:Java 语言的基础类,包括 Object 类、Thread 类、String、Math、System、Runtime、Class、Exception、Process 等,是 Java 的核心类库。

Java.util——实用工具包:Scanner、Date、Calendar、LinkedList、Hashtable、Stack、TreeSet 等,提供了很多常用函数和数据结构。

Java.net——网络功能包:URL、Socket、ServerSocket 等,用于实现网络通信功能。

Java.sql——数据库连接包:实现 JDBC 的类库,我们将在最后一章详细讲述这个类库的用法。

Java.io——输入输出包:提供与流相关的各种包。

2. Java 常用第三方 jar 包

表 10-1 Java 常用第三方 jar 包

包	功 能
log4j	一个非常常用的 log 日志 jar 包
apache commons	包含了大量组件,很多实用小工具
maven	项目管理
gson	Google 的 Json 解析库
JUnit	Java 单元测试
jsoup	html 解析

此外还有编写小程序专用的 Java.applet 包;编写 GUI 界面专用的 Java.awt 与 Javax.swing 包等等。由于篇幅所限,本书就不一一介绍了。

10.4.4 Java 程序打包

很多 Java 的初学者在开始学程序时,都有这样一个疑惑,Java 编写的程序怎么没有.exe 的文件,毕竟在 windows 系统中可运行的文件基本上都是以.exe 结尾的,那么没有该文件如何在 windows 上运行呢? 其实,Java 中的 jar 文件可以看作.exe 文件,jar 文件必须在装有 Java 虚拟机的计算机上才能运行。步骤如下所示:

①在包资源管理器中选择要打包的项目,单击右键,选择 Export 命令:

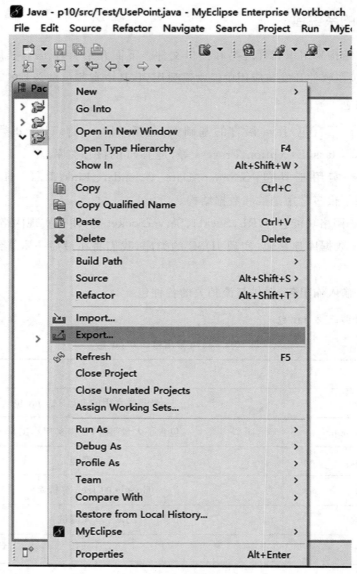

图 10-10

②在出现的 Export 对话框中选择 Java→JAR file：

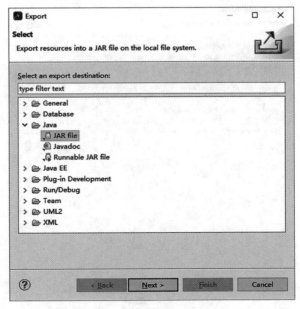

图 10-11

③保持默认项，选择 next：

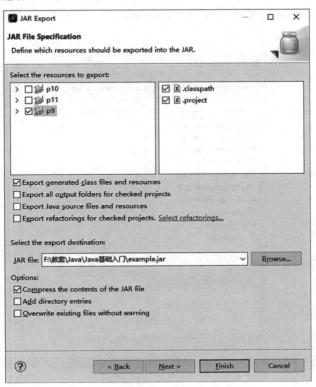

图 10-12

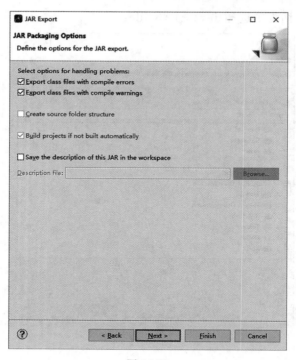

图 10-13

④在这里，我们需要指定项目入口，在"Main class"一行点击 Browse，选择项目的类，ok 后，点击 finish：

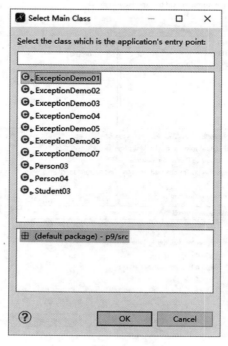

图 10-14

⑤出现以下对话框：

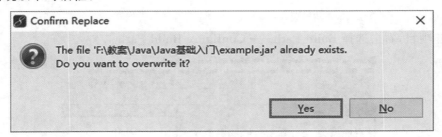

图 10-15

⑥找到生成 jar 文件的文件夹，就可以看到你生成的 jar 文件了。

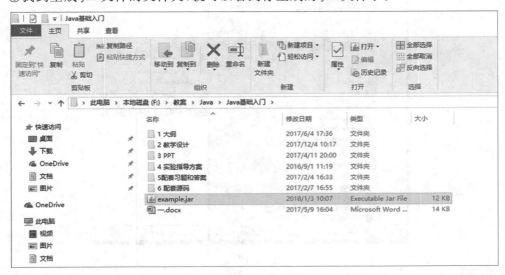

图 10-16

那么已经打好包的程序又如何运行呢？首先我们学习如何在命令提示符环境下运行：
进入存储目录，运行命令 Java-jar XXXX.jar 即可运行。结果如图 10-17 所示。

图 10-17

命令提示符环境使用起来比较麻烦,那么我们进一步学习如何在 Myeclipse 里运行 jar 程序:

①新建项目,右击选择 Build Path——Configure Build Path。

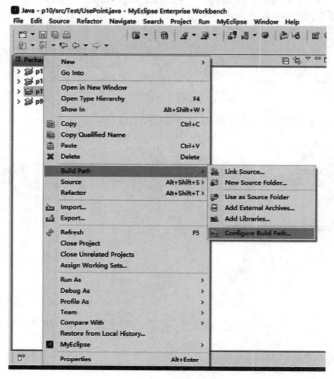

图 10-18

②然后选择 Java Build Path——Libraries ——Add External JARs,选择 jar 文件即可。

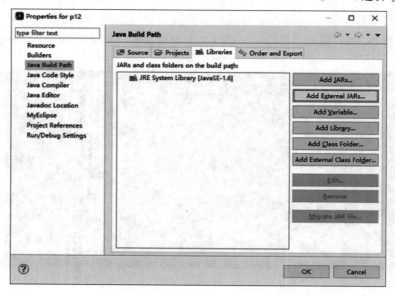

图 10-19

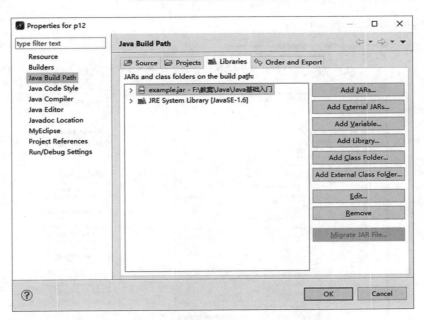

图 10-20

项目目录如图 10-21 所示。

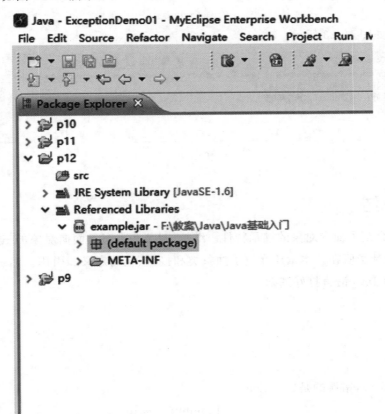

图 10-21

3. 选择运行方式 Application：

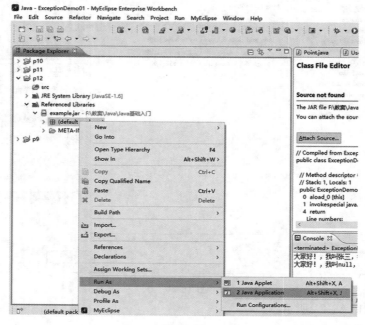

图 10-22

运行结果如图 10-23 所示。

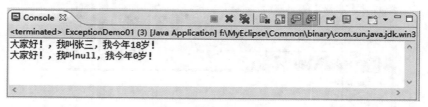

图 10-23

 **本章小结**

本章主要介绍了面向对象的继承特性。继承、封装和多态是面向对象的三大特性，是学习 Java 语言的精髓所在。本章还介绍了抽象类和接口、包的定义和引用。熟练掌握本章内容，能够为学习 Java 语言打好基础。

 习题

一、选择题

1. 下列类头定义中，错误的是（　　　）。

　A. class x　　　　　　　　　　　B. public x extends y

　　{ .... } { .... }

C. public class x extends y

D. class x extends y implements y1

　　{ .... } { .... }

2. 下面是有关子类继承父类构造函数的描述,其中正确的是(　　　)。

　　A. 创建子类的对象时,先调用子类自己的构造函数,然后调用父类的构造函数

　　B. 子类无条件地继承父类不含参数的构造函数

　　C. 子类通过 super 关键字调用父类的构造函数

　　D. 子类无法调用父类的构造函数

3. 下面说法正确的是(　　　)。

　　A. final 可修饰类、属性、方法

　　B. abstract 可修饰类、属性、方法

　　C. 定义抽象方法需有方法的返回类型、名称、参数列表和方法体

　　D. 用 final 修饰的变量,在程序中可对这个变量的值进行更改

4. 现有两个类 A、B,以下描述中表示 B 继承自 A 的是(　　　)。

　　A. class A extends B

　　B. class B implements A

　　C. class A implements B

　　D. class B extends A

5. 以下程序运行结果是(　　　):

```
public class FatherClass{
    public FatherClass(){
        System. out. print ("Father ");
        }
    }
public class ChildClass extends FatherClass {
    public ChildClass() {
        System. out. print ("Child ");
        }
    public static void main(String[] args) {
        FatherClass fc=new ChildClass();
        }
    }
```

　　A. FatherChild　　B. Child　　　　　　C. Father　　　　　　D. 出错

6. 用 abstract 修饰的类称为抽象类,它们(　　　):

　　A. 只能用以派生新类,不能用以创建对象

　　B. 只能用以创建对象,不能用以派生新类

　　C. 既可用以创建对象,也可用以派生新类

D. 既不能用以创建对象,也不可用来派生新类

7. 类中的某个方法是用 final 修饰的,则该方法(　　　　)。

A. 是虚拟的,没有方法体;　　　　　　B. 是最终的,不能被子类继承;

C. 不能用被子类同名方法复盖;　　　　D. 不能用被子类其他方法调用。

8. 定义一个类时,若希望某成员方法调用范围是同一包内所有类,其修饰词应为(　　　　)。

A. public　　　　　B. private　　　　　C. protected　　　　　D. 默认

9. 关于接口以下说法正确的是(　　　　)。

A. 接口中的变量必须用 public static final 三个修饰词修饰

B. 接口中的方法必须用 public abstract 两个修饰符修饰

C. 一个接口可以继承多个父接口

D. 接口的构造方法名必须为接口名

10. 若有如下接口 A 的定义,下列哪些类实现了该接口(　　　　)。

```
interface A {
    void method1(int i);
    void method2(int j);
}
```

A. class B implements A{
　　void method1( ) { }
　　void method2( ) { }
　　}

B. class B {
　　void method1(int i) { }
　　void method2(int j) { }
　　}

C. class B implements A {
　　void method1(int i) { }
　　void method2(int j) { }K
　　}

D. class B implements A{
　　public void method1(int x) { }
　　public void method2(int y) { }
　　}

二、编程题

1. (1)编写一个矩形类 Rect,包含两个 protected 属性:矩形的宽 width、高 height。两个构造方法:一个带有两个参数的构造方法,用于将 width 和 height 属性初始化;一个不带参数的构造方法,将矩形初始化为宽和高都为 10 的矩形。两个方法:求矩形面积的方法area()和求矩形周长的方法 perimeter()。

(2)通过继承 Rect 类编写一个具有确定位置的矩形类 PlainRect,其确定位置用矩形的左上角坐标来标识,包含两个属性:矩形左上角坐标 startX 和 startY。两个构造方法:带 4 个参数的构造方法,用于对 startX、startY、width 和 height 属性初始化;不带参数的构造方法,将矩形初始化为左上角坐标、长和宽都为 0 的矩形;添加一个方法:判断某个点是否在矩形内部的方法 isInside(double x,double y)。如在矩形内,返回 true,否则返回 false。

提示:点在矩形内是指满足条件:

$x>=startX \&\& x<=(startX+width)\&\&y<startY\&\&y>=(startY-height)$

(3)编写 PlainRect 类的测试程序:

创建一个左上角坐标为(10,10),长为 20,宽为 10 的矩形对象;计算并打印输出矩形的面积和周长;判断点(25.5,13)是否在矩形内,并打印输出相关信息。

2. 编写一个 Animal 类,具有属性:种类;具有功能:吃、睡。定义其子类 Fish 和 Dog,定义主类 E,在其 main 方法中分别创建其对象并测试对象的特性。

3. 编写一个 Java 应用程序,设计一个汽车类 Vehicle,包含的属性有车轮个数 wheels 和车重 weight。小车类 Car 是 Vehicle 的子类,其中包含的属性有载人数 loader。卡车类 Truck 是 Car 类的子类,其中包含的属性有载重量 payload。每个类都有构造方法和输出相关数据的方法。最后,写一个测试类来测试这些类的功能。

4. 按要求编写 Java 程序。

(1)编写一个接口:interfaceA,只含有一个方法 int method(int n);

(2)编写一个类:classA 来实现接口 interfaceA,实现 int method(int n)接口方法时,要求计算 1 到 n 的和;

(3)编写另一个类:classB 来实现接口 interfaceA,实现 int method(int n)接口方法时,要求计算 n 的阶乘(n!)。

5. 利用接口做参数,写个计算器,能完成 +、−、*、、运算。

(1)定义一个接口 Compute 含有一个方法 int computer(int n,int m);

(2)设计四个类分别实现此接口,完成 +、−、*、、运算;

(3)设计一个类 UseCompute,含有方法:public void useCom(Compute com,int one,int two);此方法要求能够用传递过来的对象调用 computer 方法完成运算,并输出运算的结果;

(4)设计一个测试类,调用 UseCompute 中的方法 useCom 来完成 +、−、*、、运算。

第 11 章 异 常

本章重点

- 异常的概念
- 使用 try…catch…finally 关键字捕获异常
- 使用 throw 关键字抛出异常
- 自定义异常

11.1 异常的概念

程序运行的环境是复杂的,程序在执行过程中可能遇到各种错误。如程序打开的文件不存在、网络连接遇到中断、除零操作、数组越界、找不到类等等。Java 程序的执行过程中如出现异常事件,可以生成一个异常类对象,该异常对象封装了异常事件的信息,将被提交给 Java 运行时系统处理,这个过程称为抛出异常,不处理的话会导致程序直接中断。设计良好的程序应该预先提供处理这些异常的方法,使得程序不会因为异常的发生而中断或产生不可预见的结果。这就是异常处理机制。接下来通过一个案例认识一下什么是异常,如例 11-1 所示。

例 11-1

(1) 不产生异常的程序

```
public class Test {
  public static void main(String args[]) {
    System.out.println("1.除法计算开始。");
    int result= 20 / 4;
    System.out.println("2.除法计算结果:" +  result);
    System.out.println("3.除法计算结束。");
  }
}
```

运行结果如图 11-1 所示。

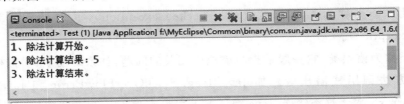

图 11-1

(2)产生异常的程序

```java
public class Test {
    public static void main(String args[]) {
        System.out.println("1.除法计算开始。");
        int result= 20 / 0;  // 会出现错误
        System.out.println("2.除法计算结果:" + result);
        System.out.println("3.除法计算结束。");
    }
}
```

运行结果如图 11-2 所示。

图 11-2

一旦产生异常,我们发现产生异常的语句以及之后的语句将不再执行,默认情况下是进行异常信息的输出,而后程序自动结束执行。

现在,我们要做的是:即使程序出现了异常,也要让程序正确的执行完毕。

Java 中的异常类都继承自 Java. lang. Throwable 类。下图展示了 Throwable 类的继承体系:

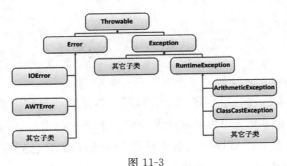

图 11-3

143

如图所示，Throwable 的两个子类分别为 Error 和 Exception。其中，Error 和 Runtime-Exception 及其子类称为不可查异常（Unchecked exception），其他异常成为可查异常（Checked Exception）。

Error 类称为错误类，它一般是指与虚拟机相关的问题，如系统崩溃，虚拟机错误，内存空间不足，方法调用栈溢出等。如 Java. lang. StackOverFlowError 和 Java. lang. OutOfMemoryError。对于这类错误，Java 编译器不去检查他们。对于这类错误的导致的应用程序中断，仅靠程序本身无法恢复和预防，遇到这样的错误，建议让程序终止。

Exception 类表示程序可以处理的异常，可以捕获且可能恢复。遇到这类异常，应该尽可能处理异常，使程序恢复运行，而不应该随意终止异常。Exception 又分为运行时异常（Runtime Exception）和可查异常（Checked Exception ）。

（1）RuntimeException。其特点是 Java 编译器不去检查它，也就是说，当程序中可能出现这类异常时，即使没有用 try…catch 捕获，也没有用 throws 抛出，还是会编译通过，如除数为零的 ArithmeticException、错误的类型转换、数组越界访问和试图访问空指针等。

（2）可查异常（IOException 等）。这类异常如果没有 try…catch 也没有 throws 抛出，则不能通过编译。这类异常一般是外部错误，例如找不到文件、找不到网络端口等，这并不是程序本身的错误，而是在应用环境中出现的外部错误。

11.2　try…catch 和 finally

Java 提供了一种对异常进行处理的方式——异常捕获。异常捕获是通过 3 个关键词来实现的：try…catch…finally。具体语法格式如下：

```
try{
    //可能产生异常的程序代码块
    }catch(ExceptionType(Exception 类及其子类) e){
    //对异常类型的处理语句
    }
finally{
    //出口语句
    }
```

执行过程：用 try 来执行一段程序，如果出现异常，系统通过它的类型来捕捉（catch）并处理它，最后一步是通过 finally 语句为异常处理提供一个统一的出口，finally 所指定的代码都要被执行（catch 语句可有多条；finally 语句最多只能有一条，根据自己的需要可要可不要）。catch 代码块的参数类型必须是 Exception 类或其对应子类。执行过程如图 11-4 所示。

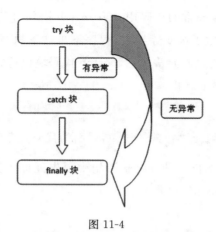

图 11-4

接下来使用 try…catch 语句对程序异常进行捕获。如例 11-2 所示。

例 11-2

```
public class ExceptionDemo01
{
public static void main(String[] args){
    int i= 10 ;
    int j= 0 ;
    System.out.println("= = = = = = = = = = 计算开始= = = = = = = = =
= ") ;
    try{
      int temp= i / j ;
      System.out.println("计算结果:"+ temp) ;
      }
    catch(ArithmeticException e){
      System.out.println("出现了数学异常:"+ e) ;
      }
   System.out.println("= = = = = = = = = = 计算结束= = = = = = = = =
= ") ;
    }
}
```

运行结果如图 11-5 所示。

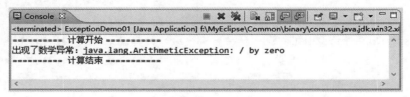

图 11-5

例 11-2 中,对可能发生异常的代码用 try…catch 语句进行了捕获。try 代码块包括可能产生异常的代码,其中发生了被 0 除异常,程序不再往下执行,转而执行 catch 中的代码,通过调用 getMessage()方法返回异常信息。catch 代码块执行完毕后,程序继续向下执行输出语句,正常终止,避免了异常终止。

注意:

try 代码块中,一旦遇到产生异常的语句,后面的代码是不会被执行的。

有时候,程序中的异常不止一种,catch 语句中要先处理子异常,再处理父异常。finally 子句中的代码始终执行。如例 11-3 所示。

例 11-3

```java
public class ExceptionDemo02{
public static void main(String[] args)
{
  int i= 0 ;
   int j= 0 ;
   System.out.println("= = = = = = = = = 计算开始= = = = = = = = = =") ;
    try{
      i= Integer.parseInt(args[0]) ;
      j= Integer.parseInt(args[1]) ;
      int temp= i / j ;
      System.out.println("计算结果:" + temp) ;
    }
catch(ArithmeticException e){
    System.out.println("出现了数学异常:" + e) ;
  }catch(NumberFormatException e){
   System.out.println("输入的不是数字:"+ e) ;
   }catch(ArrayIndexOutOfBoundsException e){
    System.out.println("输入的参数个数不对:"+ e) ;
   }finally{
    System.out.println("不管是否有异常,我都执行。") ;
   }
    System.out.println("= = = = = = = = = 计算结束= = = = = = = = = = =") ;
  }
}
```

运行结果如图 11-6 所示。

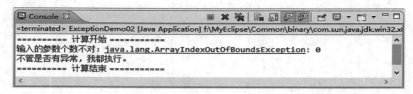

图 11-6

注意：

如果 try…catch 代码块中执行了 System.exit(0)语句,则直接退出当前 Java 虚拟机,虚拟机停止后,任何代码都不再执行。

11.3 throws 与 throw 关键字

任何 Java 代码都可以抛出异常。如:自己编写的代码、来自 Java 开发环境包中的代码,或者 Java 运行时系统。如果一个方法可能会出现异常,但不处理这种异常,可以在方法声明处用 throws 子句来声明抛出异常。例如汽车在运行时可能会出现故障,汽车本身没办法处理这个故障,那就让开车的人来处理。

throws 语句用在方法定义时声明该方法要抛出的异常类型,如果抛出的是 Exception 异常类型,则该方法被声明为抛出所有的异常。多个异常可使用逗号分割。throws 语句的语法格式为:

修饰符　返回值类型　方法名([参数 1,参数 2…]) throws
ExceptionType1[,ExceptionType2…]{ }

方法名后的 ExceptionType1,ExceptionType2…为声明要抛出的异常列表。同样,当抛出多个异常时,应先抛出子异常,后抛出父异常。当方法抛出异常列表的异常时,方法将不对这些类型及其子类类型的异常作任何处理,而抛给调用者去处理,如果调用者仍不想处理该异常,可以继续向上抛出,但最终要有能够处理该异常的调用者。一般来说,程序中的方法都没有处理抛出异常时,将由 main 函数来处理,即交给 JVM 处理。如下例所示。

例 11-4

```
class Math{
public int div(int i,int j) throws ArithmeticException
  // 除数为 0 异常
  {
```

```
        return i / j ;
    }
}
public class ExceptionDemo03{
    public static void main(String args[]){
        Math m= new Math() ;
    try{
        int temp= m.div(10,0) ;
        System.out.println(temp) ;
        }catch(Exception e){
        e.printStackTrace() ;      //打印异常
    }
    }
}
```

运行结果如图 11-7 所示。

图 11-7

本例中,div()方法中产生了异常,但方法内没有处理,而是采用 throws 语句抛出了异常。异常抛出后,被调用者即 main 函数接收,main 函数内采用 try…catch 语句捕获并处理了异常,程序正常结束。

在程序中还可以使用 throw 关键字人为地抛出一个异常。在异常处理中,实际上每次产生异常的时候都是产生了一个异常类的实例化对象。那么此时,也可以通过抛出异常对象的方式完成。throw 语句语法格式如下:

throw 异常对象;

例如:throw e;

如下例所示:

例 11-5

```
public class ExceptionDemo04{
public static void main(String args[])
{
```

```
try{
    throw new Exception("人为抛出异常。") ; // 抛出异常
}catch(Exception e){
    System.out.println(e) ;
    }
  }
}
```

运行结果如图 11-8 所示。

图 11-8

注意:throws 需要跟随在方法签名之后,而 throw 单独成为语句。

11.4 运行时异常与编译时异常

Java 异常可分为 3 种:

(1)编译时异常。Java. lang. Exception

(2)运行期异常。Java. lang. RuntimeException

(3)错误。Java. lang. Error

Java. lang. Exception 和 Java. lang. Error 继承自 Java. lang. Throwable;

Java. lang. RuntimeException 继承自 Java. lang. Exception。

①编译时异常。程序正确,但因为外在的环境条件不满足引发。例如:用户错误及 I/O 问题——程序试图打开一个不存在的文件。这不是程序本身的逻辑错误,而很可能是远程错误(用户没有创建此文件)。程序开发者必须考虑并处理这类问题。Java 编译器强制要求处理这类异常,如果不捕获这类异常,程序将不能被编译。编译时异常也叫做 checkedException,即可查异常。

处理编译时期的异常有两种方式,具体如下:

· 使用 try…catch 语句对异常进行捕获。

· 使用 throws 关键字声明抛出异常,调用者对其处理。

②运行期异常。这意味着程序存在 bug,如数组下标越界,除数为 0,参数格式不符等

等,这类异常需要更改程序来避免,但这类异常在编译时即使没有使用 try…catch 捕获或使用 throws 关键字声明抛出,程序也能编译通过。运行时异常也叫做 unchecked Exception,即不可查异常。比如:

```
int []arr= new int[4];
System.out.println(arr[5]);
```

上面代码中,出现了数组越界异常。该异常在编译时不被提示,运行时出现。

③错误。一般很少见,也很难通过程序解决。它可能源于程序的 bug,但一般更可能源于环境问题,如内存耗尽。错误在程序中无须处理,而有运行环境处理。

11.5 自定义异常

有时候,JDK 中已定义的异常类不能描述具体的异常情况。例如在设计某方法时不允许数值为负。为了解决这类问题,Java 中允许用户自定义异常类,自定义的异常类也必须继承自 Exception 或其子类。如下例所示。

例 11-6

```
import Java.io.* ;
class MyException extends Exception //创建自定义异常类,继承 Exception 类
{public MyException(String ErrorMessagr)//构造方法
{
    super(ErrorMessagr); }//父类构造方法
}
public class ExceptionDemo05{
static int avg(int n1, int n2)throws MyException //定义方法,抛出异常
  {
    if (n1 < 0 || n2 < 0)//判断方法中参数是否满足指定条件
        throw new MyException("不可以使用负数");//错误信息
    if (n1 >5000 || n2>5000) //判断方法中参数是否满足指定条件
        throw new MyException("数值太大");//错误信息
    return (n1 + n2) / 2;//返回参数平均值
  }
public static void main(String args[])throws IOException
{
```

```
try {//try 代码块处理可能出现异常的代码
int result= avg(- 2000, 5500);//调用 avg()方法
System.out.println("平均工资:"+ result);//将 avg()方法的返回值输出
}

catch (MyException e)
{
System.out.println(e) ;
}//输出异常信息

}
}
```

运行结果如图 11-9 所示。

图 11-9

该例中,创建自定义异常类 MyException 继承自 Exception 类,当方法参数不满足指定条件时则处理该异常。

注意:
自定义异常类如果继承自 RuntimeException,那么该异常类就是不可查异常,能够通过编译。而继承自 Exception 或 Exception 的其他子类的自定义异常则是可查异常,必须用 try…catch 捕获或由 throws 抛出该异常。自定义异常类时要注意可查异常与不可查异常的区别。

本章小结

本章主要介绍了 Java 中的异常概念,分类以及如何处理异常。这对程序的正常运行意义很重大。熟练掌握本章内容,能够编写出更完善、更优秀的程序。

习题

1. 什么是异常? 为什么要进行异常处理?

2. 列举一些经常出现的标准 Java 异常。

3. 下列程序运行时将抛出 NumberFormatException 异常。请用 try…catch 语句捕获并处理异常。

```
public class C
{
public static void main(String args[])
  {
    Integer a=new Integer("3,3");
    int i=a. intValue();
    System. out. println(a);
  }
}
```

4. 下列类的方法中,可能抛出 NumberFormatException 和 ArithmeticException 异常:

```
class ArithmeticDivide
{
  static int divide(String1,String2)
  {
    Integer a=new Integer(s1);
    Integer b=new Integer(s1);
    int aa=a. intValue();
    int bb=b;
    return aa/bb;
  }
}
```

重新定义 divide()方法,由 throws 声明方法中抛出的异常。

在 main()中,以"2"和"0"为参数调用这个方法,并用 try…catch 语句捕获并处理异常。

在 main()中,以"5"和"hello"为参数调用这个方法,并用 try…catch 语句捕获并处理异常。

5. 定义一个异常类 IllegalTriangleException,修改下列描述三角形的类 Triangle 的构造方法,当不满足任意两边之和大于第三边时抛出 IllegalTriangleException。

```
class Triangle
{
  double side1,side2,side3;
  Triangle(double s1,double s2,double s3)
  {
side1=s1;
    side2=s2;
    side3=s3;
  }
}
```

第 12 章　JDBC 概述

本章重点

- 了解 JDBC 的概念
- 掌握 JDBC 连接数据库的步骤
- 熟练使用 JDBC 对数据进行增删改查

12.1　JDBC 的概念

JDBC(Java DataBase Connectivity)是一种用于执行 SQL 语句的 Java API,可以为多种关系数据库提供统一访问,它由一组用 Java 语言编写的类和接口组成。JDBC 提供了一种基准,据此可以构建更高级的工具和接口,使数据库开发人员能够编写数据库应用程序。JDBC 为访问不同的数据库提供了一种统一的途径,为开发者屏蔽了一些细节问题。

使用 JDBC 可以连接任何提供了 JDBC 驱动程序的数据库系统,这样就使得程序员无需对特定的数据库系统的特点有过多的了解,从而大大简化和加快了开发过程。

JDBC 对 Java 程序员而言是 API,对实现与数据库连接的服务提供商而言是接口模型。作为 API,JDBC 为程序开发提供标准的接口,并为数据库厂商及第三方中间件厂商实现与数据库的连接提供了标准方法。JDBC 使用已有的 SQL 标准并支持与其他数据库连接标准,如 ODBC 之间的桥接。JDBC 实现了所有这些面向标准的目标并且具有简单、严格类型定义且高性能实现的接口。Java 具有坚固、安全、易于使用、易于理解和可从网络上自动下载等特性,是编写数据库应用程序的杰出语言。程序员所需要的只是 Java 应用程序与各种不同数据库之间进行对话的方法。

JDBC 的框架结构如图 12-1 所示。

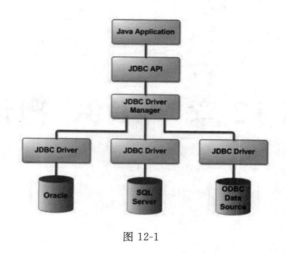

图 12-1

12.2 JDBC 的驱动程序

JDBC 包含有四类驱动：

1. JDBC-ODBC 桥

因微软推出的 ODBC 比 JDBC 出现的要早，所以绝大多数的数据库都可以通过 ODBC 来访问，当 Sun 公司推出 JDBC 的时候，为了支持更多的数据库，提供了 JDBC-ODBC 桥。这样我们就可以使用 JDBC 的 API 通过 ODBC 去访问数据库。

通过 JDBC-ODBC 桥访问数据库需要经过多层调用，因此效率较低。不过在数据库没有提供 JDBC 驱动只提供 ODBC 驱动的情况下，也只能通过这种方式访问数据库。例如 Java 若要访问 Microsoft Access 数据库只能通过这种方法访问。

驱动程序为：sun. jdbc. odbc. JdbcOdbcDriver

访问方式如图 12-2 所示。

图 12-2

2. 部分本地 API Java 驱动程序

大部分数据库厂商都提供与他们的数据库产品进行通信所需要的 API，这些 API 往往用 C 语言或类似的语言编写，依赖具体的平台。这一类型的驱动程序使用 Java 编写，应用程序通过该驱动程序调用本地数据库厂商提供的 API 与数据库通信。用这种方式访问数据库需要在客户机上安装本地 JDBC 驱动和特定数据库厂商的本地 API，效率较低，服务器易死机,不建议使用。

访问方式如图 12-3 所示。

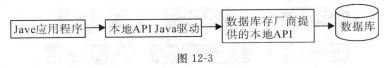

图 12-3

3．JDBC 网络纯 Java 驱动程序

Java 应用程序通过 JDBC 网络纯 Java 驱动程序将 JDBC 调用发送给应用程序服务器,应用程序服务器与数据库完成通信,从而完成请求。

访问方式如图 12-4 所示:

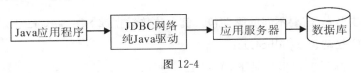

图 12-4

4．本地协议纯 Java 驱动

Java 应用程序通过纯 Java 驱动程序与支持 JDBC 的数据库直接通信。这种方式是效率最高的访问方式。访问不同厂商的数据库,需要不同的 JDBC 驱动程序。目前,几个主要的数据厂商(Oracle、Microsoft、Sybase 等)都提供了对 JDBC 的支持。

访问方式如图 12-5 所示。

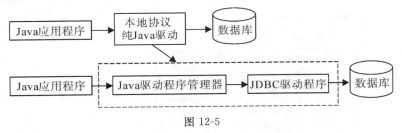

图 12-5

12.3　JDBC 应用程序接口简介

JDBC 接口(API)包括两个层次:

(1)面向应用的 API。Java API,抽象接口,供应用程序开发人员使用(连接数据库,执行 SQL 语句,获得结果)。

(2)面向数据库的 API。Java Driver API,供开发商开发数据库驱动程序用。

JDBC 的接口结构如图 12-6 所示。

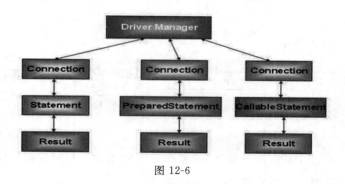

图 12-6

12.3.1　JDBC 导入驱动包

连接不同的数据库,需要不同的驱动包。例如连接数据库 SQLServer2012,需要以下操作:

①下载 JDBC 驱动包 sqljdbc4.jar。

②将驱动包复制到工程根目录下,如图 12-7 所示。

图 12-7

③选中该驱动包,单击右键,选择"Add to path",则驱动包可正确加载,如图 12-8 所示。

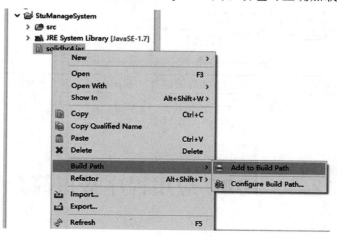

图 12-8

④导入后工程下会添加新目录"Referenced Libraries"效果如图 12-9 所示。

图 12-9

12.3.2　JDBC 与数据库的连接—Connection 接口

Connection 接口是与特定数据库的连接,在数据库连接的上下文中执行 SQL 语句并返回结果,通常是调用 DriverManager 类中的 getConnection 方法。本案例中采用的数据库名是 school,表名为 student,表中数据如图 12-10 所示。

Sno	name	gender
001	张三	男
002	李四	男
003	王五	男
004	tom	男
005	jack	男
006	周大磊	男

图 12-10

连接该数据库的具体步骤如下:

(1)通过反射加载 JDBC 驱动程序,代码如下:

```
try{
    Class.forName("com.microsoft.sqlserver.jdbc.SQLServerDriver");
    } catch (Exception e) {
        e.printStackTrace();
    }
```

提示:

①"com. microsoft. sqlserver. jdbc. SQLServerDriver"字符串为驱动的类名,要保证完全一致,如拼写错误会导致连接失败。

②Class. forName()可能会遇到驱动类不存在的情况,因此必须捕获异常。

(2)通过 getConnection 方法连接数据库,代码如下:

```
try {
    private static final String URL=
"jdbc:sqlserver://localhost:1433;DatabaseName= school";
    Connection con= DriverManager.getConnection(URL, "sa","sa");
    } catch (Exception e) {
        e.printStackTrace();
    }
```

提示:

①URL 指明了连接的数据库位置和名称。其中,jdbc 表示协议;sqlserver 是子协议;//localhost 代表连接本机的数据库,也可写成//127.0.0.1;1433 代表数据库的端口号;DatabaseName 代表要连接的数据库名称。通常在写 URL 的时候,除了数据库名称以外,其他的字符要确保完全一致,以免导致连接失败。

②getConnection()方法的后两个参数为 SQLServer 采用 SQL 身份登录时候的账号和密码,不同机器登录的时候要确保密码和本机的一样。

③getConnection()方法在执行时会抛出 SQLException 异常,因此需要捕获异常。

示例 12-1 显示了一个完整的连接程序:

例 12-1

```
import Java.sql.Connection;
    import Java.sql.DriverManager;
    public class ConnTest {
            //驱动类的类名
            private static final String DRIVER
= "com.microsoft.sqlserver.jdbc.SQLServerDriver";
            //连接数据的 URL 路径
            private static final String
URL= "jdbc:sqlserver://localhost:1433;DatabaseName= school";
        public static void main(String[] args) {
            //获取数据库连接
            try {
                Class.forName(DRIVER);//反射加载驱动
                //获得连接对象
                Connection con= DriverManager.getConnection(URL, "sa",
"sa");

                System.out.println(con);
            } catch (Exception e) {
                e.printStackTrace();
            }
        }
    }
```

运行结果如图 12-11 所示。

Problems @ Javadoc Declaration Console

\<terminated\> ConnTest [Java Application] D:\Program Files\Java\jdk1.7.0_51

ConnectionID:1

图 12-11

连接 ID 为 1 表示已经成功连接上数据库。

12.3.3　执行非查询的 SQL 语句—Statement 接口

Statement 是 Java 执行数据库操作的一个重要接口,用于在已经建立数据库连接的基础上,向数据库发送要执行的 SQL 语句,用于执行不带参数的简单 SQL 语句。

Statement 实际上有三种,它们都作为在给定连接上执行 SQL 语句的对象:Statement、PreparedStatement 和 CallableStatement。其中,PreparedStatement 对象继承自 Statement,而 CallableStatement 继承自 PreparedStatement。

这三种对象都专用于发送特定类型的 SQL 语句:

①Statement 对象用于执行不带参数的简单 SQL 语句。

②PreparedStatement 对象用于执行带或不带 IN 参数的预编译 SQL 语句。

③CallableStatement 对象用于执行对数据库已存在的存储过程的调用。

Statement 接口提供了执行语句和获取结果的基本方法。PreparedStatement 对象添加了处理 IN 参数的方法;而 CallableStatement 对象添加了处理 OUT 参数的方法。

在实际开发中,应根据不同的情况选择不同的接口。通常来说,PreparedStatement 相比 Statement,有以下优点:

①提高了代码的可读性和可维护性。

②提高了程序性能。用 Statement 对象时,每次执行一个 SQL 命令,都会对它进行解析编译,而 PreparedStatement 对象在多次执行同一个 SQl 语句时都只解析编译一次。因此使用 PreparedStatement 对象可极大地减少资源开销。

③极大地提高了安全性,避免了 SQL 注入式攻击。

基于以上几点,本书主要讲解通过 PreparedStatement 对象实现数据库的操作,该对象中主要方法如表 12-1 所示。

表 12-1　PreparedStatement 对象的常用方法

方法	说明
executeQuery	执行查询命令,并返回 ResultSet 对象
executeUpdate	执行 T−SQL 语句,并返回受影响的行数
execute	执行 T−SQL 语句,返回多行数据集

这三个方法都能执行 SQL 语句,具体使用哪一个方法由 SQL 语句所产生的内容决定。

1. executeQuery

一般执行用于产生单个结果集的语句,例如 SELECT 语句。它是使用非常频繁的方法。

2. executeUpdate

用于执行 INSERT、UPDATE 或 DELETE 语句以及 SQL DDL(数据定义语言)语句,例如 CREATE TABLE 和 DROP TABLE。INSERT、UPDATE 或 DELETE 语句的效果是修改表中零行或多行中的一列或多列。executeUpdate 的返回值是一个整数,指示受影响的行数(即更新计数)。对于 CREATE TABLE 或 DROP TABLE 等不操作行的语句,executeUpdate 的返回值总为零。

3. 方法 execute

用于执行返回多个结果集、多个更新计数或二者组合的语句。此方法仅在语句能返回多个 ResultSet 对象、多个更新计数或 ResultSet 对象与更新计数的组合时使用。因为方法 execute 一般处理非常规情况,因此本书将主要讲解前两个方法。

例如向数据库中添加一名学生,假定学号为 007,姓名为王小雨,性别为女,代码如示例 12-2 所示。

例 12-2

```java
import Java.sql.Connection;
import Java.sql.DriverManager;
import Java.sql.PreparedStatement;
public class InsertTest {
    //驱动类的类名
    private static final String
DRIVERNAME= "com.microsoft.sqlserver.jdbc.SQLServerDriver";
    //连接数据的 URL 路径
    private static final String
URL= "jdbc:sqlserver://localhost:1433;DatabaseName= school";
  public static void main(String[] args) {
    //获取数据库连接
    try {
        Class.forName(DRIVERNAME);
        Connection con= DriverManager.getConnection(URL, "sa","sa");
        String sql= "insert student values(,,)";
        PreparedStatement ps= con.prepareStatement(sql);//预处理 sql 语句
        //为问号赋值
        ps.setString(1, "007");
        ps.setString(2, "王小雨");
        ps.setString(3, "女");

        int a= ps.executeUpdate();//执行 sql 语句
```

```
            if(a>0)
              System.out.println("添加成功");
            else
              System.out.println("添加失败");
        } catch (Exception e) {
          e.printStackTrace();
        }
      }
    }
```

运行之后数据库增加了一名学生，如图 12-12 所示。

Sno	name	gender
001	张三	男
002	李四	男
003	王五	男
004	tom	男
005	jack	男
006	周大磊	男
007	王小雨	女

图 12-12

说明：

1. SQL 语句中带有问号，问号是占位符，代表要填入的数据，因为此时还不知道具体的数据，则先用问号代替。

2. PreparedStatement ps=con. prepareStatement(sql)此代码表示预处理 SQL 语句，是固定写法。

3. ps. setString(1，"007")此语句代表为先前 SQL 语句中的问号赋值。第一个参数表示问号的顺序，从 1 开始依次累计。第二个参数表示具体的数据，可以是一个常量也可以是一个变量。需要注意是的，此数据的类型要和数据库中的字段类型一一对应，如 varchar 或 date 对应 String，decimal 或 money 对应 double，不然会出现数据转化错误导致添加失败。

4. int a=ps. executeUpdate()此语句表示执行 SQL 语句，返回值是受影响的行数，因此用整型接收。如果大于 0 则表示执行成功，否则表示执行失败。

示例 12-3 演示了从键盘输入一个学生的学号，然后删除该学生。

例 12-3

```
 import Java.sql.Connection;
import Java.sql.DriverManager;
import Java.sql.PreparedStatement;
import Java.util.Scanner;
```

```
public class DeleteTest {
    //驱动类的类名
    private static final String
DRIVERNAME= "com.microsoft.sqlserver.jdbc.SQLServerDriver";
        //连接数据的 URL 路径
    private static final String
URL= "jdbc:sqlserver://localhost:1433;DatabaseName= school";
    public static void main(String[] args) {
        //获取数据库连接
        try {
            Scanner input= new Scanner(System.in);
            Class.forName(DRIVERNAME);
            Connection con= DriverManager.getConnection(URL, "sa","sa");
            System.out.println("请输入要删除学生的学号:");
            String sno= input.next();
            //SQL 语句
            String sql= "delete from student where sno= ?";
            //预加载 sql 语句
            PreparedStatement ps= con.prepareStatement(sql);
            //为问号赋值
            ps.setString(1,sno);
            //执行 sql 语句
            int a= ps.executeUpdate();
            if(a>0)
                System.out.println("删除成功");
            else
                System.out.println("没有该学生");
        } catch (Exception e) {
            e.printStackTrace();
        }
    }
}
```

运行结果有两种情况,分别如图 12-13 和 12-14 所示。

图 12-13

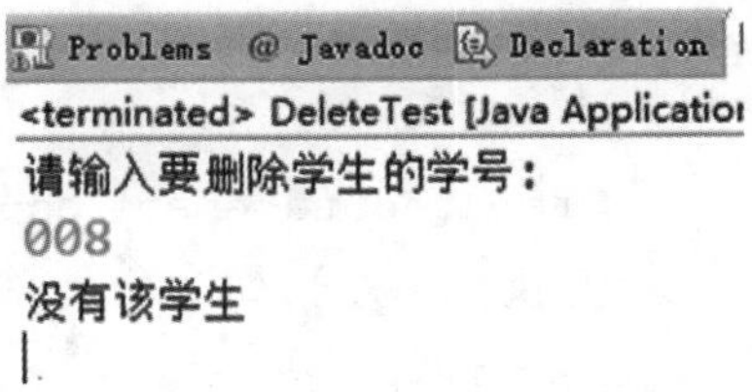

图 12-14

12.3.4　执行查询 SQL 语句—ResultSet 接口

ResultSet 又称结果集,是执行数据查询以后返回的对象,如执行 select 语句后会返回查询的结果,这个结果可以保存在 ResultSet 中,供程序员使用。此接口主要包含以下方法,见表 12-2。

表 12-2　ResultSet 的常用方法

方　　法	说　　明
next()	判断结果集中下一行是否还有数据,返回 boolean 类型
getString()	以字符串的类型取出集合中的数据

示例 12-4 演示了查询学生表中所有学生的信息,并将其显示在控制台中。

例 12-4

```java
import Java.sql.Connection;
import Java.sql.DriverManager;
import Java.sql.PreparedStatement;
import Java.sql.ResultSet;
public class QueryTest {
    //驱动类的类名
    private static final String
DRIVERNAME= "com.microsoft.sqlserver.jdbc.SQLServerDriver";
    //连接数据的 URL 路径
    private static final String
URL= "jdbc:sqlserver://localhost:1433;DatabaseName= school";
    public static void main(String[] args) {
    //获取数据库连接
      try {
        Class.forName(DRIVERNAME);
    Connection con= DriverManager.getConnection(URL, "sa", "sa");
    //SQL 语句
```

```
            String sql= "select *  from student";
            //预加载 sql 语句
            PreparedStatement ps= con.prepareStatement(sql);
            //执行 sql 语句
            ResultSet rs= ps.executeQuery();
            //遍历 ResultSet 取出数据
            while(rs.next()){
              System.out.print(rs.getString(1)+ "\t");//学号
              System.out.print(rs.getString(2)+ "\t");//姓名
              System.out.print(rs.getString(3)+ "\t");//性别
              System.out.println();//换行
            }
        } catch (Exception e) {
          e.printStackTrace();
        }
      }
}
```

运行效果如图 12-15 所示。

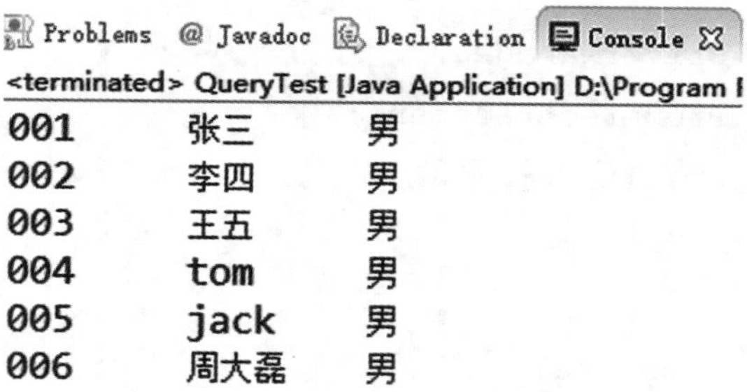

图 12-15

说明：

1. 由于是查询所有学生，不需要条件，因此 SQL 语句中没有问号。

2. ResultSet rs＝ps. executeQuery()此语句表示执行查询 SQL 语句，同时将返回的查询结果保存至 rs 对象中。

3. while(rs. next())语句从第一行开始循环遍历结果集，一直到结果集的最后一行循环才终止。

4. rs. getString(1)此方法以字符串的类型取出数据库中的数据，参数 1 代表学生表的第一列，注意是以 1 开始。此方法的参数也可以是字符串，字符串必须和数据库中的字段相同。上例中的相关代码也可以这样写,效果是一样的。

```
System.out.print(rs.getString("sno")+ "\t");//学号
System.out.print(rs.getString("name")+ "\t");//姓名
System.out.print(rs.getString("gender")+ "\t");//性别
```

12.4　利用 JDBC 访问数据库实例

下面的综合案例实现了对学生表的增加、删除、查询功能,以此案例了解一下 JDBC 的综合运用能力。

12.4.1　数据库连接的封装

在前面的例子中,每次访问数据库都要建立连接,实际上这是一种重复性的工作,为了提高代码的效率和美观,通常都会将建立连接的部分写成方法,这样随时调用,提高了程序的可读性。数据库在建立连接以后,一直在消耗服务器的资源,因此在使用完以后应当释放资源,具体的应当关闭连接对象如 Connection,ResultSet,PreparedStatement 等。以下示例 12-5 对数据库进行了封装,写了两个方法分别是建立连接以及关闭连接。

例 12-5

```
import Java.sql.Connection;
import Java.sql.DriverManager;
import Java.sql.PreparedStatement;
import Java.sql.ResultSet;

public class DBManager {
  //驱动类的类名
  private static final String
DRIVER= "com.microsoft.sqlserver.jdbc.SQLServerDriver";
  //连接数据的 URL 路径
  private static final String
URL= "jdbc:sqlserver://localhost:1433;DatabaseName= school";
  //获取数据库连接
  publicstatic Connection getConnection() {
    Connection con= null;
```

```
try {
    Class.forName(DRIVER);
    con= DriverManager.getConnection(URL, "sa","sa");
} catch (Exception e) {
    e.printStackTrace();
}
return con;
}
```

//关闭连接

```
public static void colse(ResultSet rs,PreparedStatement ps,Connection con){
try {
    if (rs ! = null) {//判断结果集是否为 null
        rs.close();
    }
    if (ps ! = null) {//判断 Statement 对象是否为 null
        ps.cancel();
    }
    if (con ! = null) {//判断数据库连接对象是否为 null
        con.close();
    }
} catch (Exception e) {
    e.printStackTrace();
}
}
}
```

12.4.2 数据库的增、删、查

示例 12-6 实现了对学生表的增加、删除、查询的功能。

例 12-6

```
import Java.sql.Connection;
import Java.sql.PreparedStatement;
import Java.sql.ResultSet;
import Java.sql.SQLException;
import Java.util.Scanner;
```

```java
public class StudentDAO {
    Connection con= null;
    PreparedStatement ps= null;
    ResultSet rs= null;
    Scanner input= new Scanner(System.in);
    /*
     *  查询学生信息
     */
    public void queryInfo(){
        try {
            System.out.println("请输入学生学号,* 号代表全查");
            String sno= input.next();
            String sql= "";
            con= DBManager.getConnection();
            if(sno.equals("* ")){
                sql= "select *  from student";
                ps= con.prepareStatement(sql);
            }
            else{
                sql= "select *  from student where sno= ?";
                ps= con.prepareStatement(sql);
                ps.setString(1, sno);
            }
            rs= ps.executeQuery();
            //显示学生信息
            while(rs.next()){
                System.out.print(rs.getString(1)+ "\t");
                System.out.print(rs.getString(2)+ "\t");
                System.out.print(rs.getString(3)+ "\t");
                System.out.println();//换行
            }
        } catch (SQLException e) {
            e.printStackTrace();
        }finally{
            DBManager.colse(rs, ps, con);
        }
    }
```

```java
/*
 *  添加学生信息
 */
public void insertInfo(){
  try {
    System.out.println("请输入学号:");
    String sno= input.next();
    System.out.println("请输入姓名:");
    String name= input.next();
    System.out.println("请输入性别:");
    String gender= input.next();
    String sql= "";
    con= DBManager.getConnection();
    //检查学号是否重复,数据库中没有才能添加
    sql= "select *  from student where sno= ?";
    ps= con.prepareStatement(sql);
    ps.setString(1, sno);
    rs= ps.executeQuery();
    if(rs.next())
      System.out.println("学号重复,无法添加");
    else{
      //添加学生
      sql= "insert student values(?,?,?)";
      ps= con.prepareStatement(sql);
      ps.setString(1, sno);
      ps.setString(2, name);
      ps.setString(3, gender);
      int a= ps.executeUpdate();
      if(a>0)
        System.out.println("添加成功");
      else
        System.out.println("添加失败");
    }
  } catch (SQLException e) {
    e.printStackTrace();
```

```
        }finally{
          DBManager.colse(rs, ps, con);
        }
    }


    /*
    *  删除学生信息
    */
    public void deleteInfo(){
      try {
        System.out.println("请输入学号:");
        String sno= input.next();
        String sql= "delete from student where sno= ";
        con= DBManager.getConnection();
        ps= con.prepareStatement(sql);
        ps.setString(1, sno);
        int a= ps.executeUpdate();
        if(a>0)
          System.out.println("删除成功");
        else
          System.out.println("删除失败,没有这个学生");
      } catch (SQLException e) {
        e.printStackTrace();
      }finally{
        DBManager.colse(rs, ps, con);
      }
    }
    /*
    *  菜单
    */
public void menu(){
    System.out.println("1. 添加学生信息");
    System.out.println("2. 删除学生信息");
    System.out.println("3. 查询学生信息");
    System.out.println("4. 退出系统");
    System.out.print("请选择:");
  }
```

```
/*
 *  程序流程
 */
public void showInfo(){
    menu();
    int a= input.nextInt();
    switch(a){
        case 1:
            insertInfo();
            break;
        case 2:
            deleteInfo();
            break;
        case 3:
            queryInfo();
            break;
        case 4:
            System.out.println("系统已退出");
            System.exit(0);
            break;
        default:
            System.out.println("选择错误，请重新输入");
    }
    showInfo();//递归
}
```

主函数部分见示例 12-7。

例 12-7

```
public class Test {
    public static void main(String[] args) {
        StudentDAO sd= new StudentDAO();
        System.out.println("——欢迎进入学生管理系统——");
        sd.showInfo();
    }
}
```

添加功能运行效果如图 12-16 所示。

```
Problems  @ Javadoc  Declaration  Console ⊠
Test [Java Application] D:\Program Files\Java\jdk1.7.0_51\bin\javaw.exe (2018年1月12E
-------------------欢迎进入学生管理系统------------------
1. 添加学生信息
2. 删除学生信息
3. 查询学生信息
4. 退出系统
请选择:1
请输入学号:
007
请输入姓名:
王小雨
请输入性别:
女
添加成功
1. 添加学生信息
2. 删除学生信息
3. 查询学生信息
4. 退出系统
```

图 12-16

查询功能运行效果如图 12-17,12-18 所示。

```
Problems  @ Javadoc  Declaration  Console ⊠
Test [Java Application] D:\Program Files\Java\jdk1.7.0_51'
-------------------欢迎进入学生管理系统
1. 添加学生信息
2. 删除学生信息
3. 查询学生信息
4. 退出系统
请选择:3
请输入学生学号，*号代表全查
*
001	张三	男
002	李四	男
003	王五	男
004	tom	男
005	jack	男
006	周大磊	男
007	王小雨	女
```

图 12-17

```
Problems  @ Javadoc  Declaration  Console ⊠
Test [Java Application] D:\Program Files\Java\jdk1.7.0_51\t
-------------------欢迎进入学生管理系统-
1. 添加学生信息
2. 删除学生信息
3. 查询学生信息
4. 退出系统
请选择:3
请输入学生学号，*号代表全查
003
003	王五	男
```

图 12-18

本章小结

JDBC 的全称是 Java Database Connectivity，即 Java 数据库连接，它是一种可以执行 SQL 语句的 Java API。

程序可通过 JDBC API 连接到数据库，并使用结构查询语句实现对数据库的查询、更新等操作。

PreparedStatement 是 Statement 的子接口，该接口提供了比 Statement 接口执行 SQL 速度更快的预编译功能和更为安全的预处理功能，此功能可以有效的防止 SQL 注入。

 习题

一、编程题

1. 新建一个数据库 emp，数据库中包含表 employees，表结构如下所示。

列名	数据类型	允许 Null 值
eid	varchar(20)	☐
name	varchar(20)	☐
birthday	date	☐
adress	varchar(20)	☐
post	varchar(20)	☐

按要求完成以下操作：

（1）新建 Java 工程并成功连接数据库。

（2）通过程序向数据库中添加二名员工。

（3）通过程序查询数据库中所有员工信息并显示在控制台中。

（4）删除姓名为"马小云"的员工信息。若存在该员工则显示删除成功，否则显示没有该员工。

参 考 文 献

［1］扶松柏，陈小玉. Java 开发从入门到精通［M］. 北京：人民邮电出版社，2016.

［2］（美）艾伦·唐尼（Allen B. Downey）克里斯·梅菲尔德（Chris Mayfield）著. Java 编程思维［M］. 袁国忠，译. 北京：人民邮电出版社，2016.

［3］孟丽丝，张雪. Java 编程入门与应用［M］. 北京：清华大学出版社，2017.

［4］（美）Bruce Eckel 著. Java 编程思想［M］. 陈昊鹏，译. 北京：机械工业出版社，2007.

［5］印旻，王行言. Java 语言与面向对象程序设计［M］. 2 版. 北京：清华大学出版社，2014.

［6］吴仁群. Java 基础教程［M］. 3 版. 北京：清华大学出版社，2016.

［7］（美）Cay S Horstmann，G 著. Java 核心技术（卷 I）基础知识［M］. 9 版. 周立新，陈波，叶乃文，译. 北京：机械工业出版社，2014.

［8］陈国君. Java 程序设计基础［M］. 5 版. 北京：清华大学出版社，2015.

［9］明日科技. 零基础学 Java（全彩版）［M］. 吉林：吉林大学出版社，2017.

［10］李广建. Java 程序设计基础与应用［M］. 北京：北京大学出版社，2013.

［11］孙宪丽，关颖，李波，衣云龙，朱克敌. Java 程序设计基础与实践［M］. 北京：清华大学出版社，2015.

［12］（英）Benjamin J. Evans，（美）David Flanagan 著. Java 技术手册［M］. 6 版. 安道，译. 北京：人民邮电出版社，2015.